リメディアル教育のための 情報リテラシー

鈴木 和也
荒平 高章 著

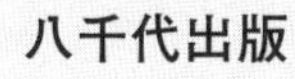

巻 頭 言

本書は，「リメディアル教育のための情報リテラシー」という新たな試みで企図したものである。私たちの生活は日々進歩しており，中でも情報化の進展は目をみはるものがある。かつて，情報分野における種々の業務については，一部の限られた人が関わるものとして考えられてきたが，現在では，誰もが当たり前に使えるものとして存在している。

文部科学省調査研究協力者会議等（初等中等教育）「教育の情報化に関する手引」作成検討会が示した「教育の情報化に関する手引（令和元年12月）」によれば，情報教育とは，「子どもたちの情報活用能力の育成を図るもの」であるとし，その目標として3つの観点を挙げている。第一は，情報活用の実践力である。これは「課題や目的に応じて情報手段を適切に活用することを含めて，必要な情報を主体的に収集・判断・表現・処理・創造し，受け手の状況などを踏まえて発信・伝達できる能力」のことである。第二は，情報の科学的な理解である。これは，「情報活用の基礎となる情報手段の特性の理解と，情報を適切に扱ったり，自らの情報活用を評価・改善したりするための基礎的な理論や方法の理解」のことである。そして最後は，情報社会に参画する態度である。これは，「社会生活の中で情報や情報技術が果たしている役割や及ぼしている影響を理解し，情報モラルの必要性や情報に対する責任について考え，望ましい情報社会の創造に参画しようとする態度」のことである。

これらをふまえ，主に大学や短期大学，専門学校の学生が初年次教育の場面で学習する情報教育のテキストとして，特にリメディアル教育の観点から，今後の学習を円滑にすすめるために最低限必要な知識を厳選して構成したものである。本書には，かつて，実際に筆者らが情報リテラシーの講義を担当して気づいたことが網羅されている。特に，義務教育や高等学校の段階で身に付けているはずの基礎的・基本的な情報機器の操作方法やアプリケーション・ソフトの使い方などが十分に定着していないことがわかった。そこで，大学教育を受けるために必要な基礎学力を補うために行われる補習教育，いわゆるリメディアル（remedial）を情報教育にも取り入れて情報活用能力を高める必要があると考えた。

近年，教育に求められているものに，「確かな学力」がある。これは，学校生活を離れ社会で生き抜くためのとても重要な能力である。具体的には，「確かな学力」とは，基礎的・基本的な「知識・技能」に加え，「学ぶ意欲」や「思考力・判断力・表現力」を含めた幅広い学力のことを指す。今後は，知識を詰め込むだけなく，学習活動を通して得た知識を実践の場で生かしていけることが求められている。予測不能な著しい環境の変化が起こるこれからの社会において，生涯に渡って利活用できる確実な知識や技能を身に付ける必要がある。こうした視点もふまえて本書の執筆にあたった。大学や短期大学，専門学校だけでなく高等学校においても活用できるような内容になっている。ぜひ本書を活用して，真の「情報リテラシー」を身に付けていただきたいと切に願っている。

おわりに，八千代出版株式会社代表取締役の森口恵美子様，編集担当の御堂真志様には，当初の予定から，大幅に発刊が遅れてしまったにもかかわらず，多大なご尽力いただきましたことに深く感謝いたします。また，このような機会を得たことに対して快くお許しをいただき応援してくださった，九州情報大学学長，麻生隆史先生にも厚く御礼申し上げます。

2021年3月

鈴木和也
荒平高章

目　　次

巻 頭 言　*i*
本書の使い方　*vi*

第 1 章　パソコンの基本 —— *1*
1.1　パソコンとは　*1*
1.2　パソコンの構造　*1*
1.3　通信方法の基礎　*2*
1.4　初期操作方法　*3*
1.5　章 末 課 題　*5*

第 2 章　タイピングの基本 —— *7*
2.1　タイピングの重要性　*7*
2.2　ホームポジション　*7*
2.3　Mika Type を使ったタイピング　*9*
2.4　タイピング検定で実践練習　*10*
2.5　章 末 課 題　*11*

第 3 章　文書作成の基礎（1） —— *13*
3.1　Word の起動方法と基本操作　*13*
3.2　ビジネス文書の概要　*16*
3.3　社内文書の作成　*18*
3.4　社外文書の作成　*19*
3.5　章 末 課 題　*20*

第 4 章　文書作成の基礎（2） —— *21*
4.1　見やすい文書作成　*21*
4.2　Word における表の作成方法　*21*
4.3　図の形式と挿入方法　*21*
4.4　Word における文書作成の実際　*22*
4.5　章 末 課 題　*25*

第 5 章　文書作成の応用 —— *27*
5.1　文字の装飾　*27*
5.2　図形・画像（イラスト）の挿入　*30*
5.3　学園祭の案内用文書の作成　*34*
5.4　章 末 課 題　*36*

第 6 章　表作成の基礎 37
6.1　Excel の起動方法と基本操作　37
6.2　表の作成方法　40
6.3　Mika Type の打数表の作成　41
6.4　自宅学習時間管理表の作成　42
6.5　章 末 課 題　43

第 7 章　グラフ作成の基礎 45
7.1　グラフの種類　45
7.2　グラフの作成方法　47
7.3　Mika Type の打数グラフの作成　48
7.4　自宅学習時間管理グラフの作成　49
7.5　章 末 課 題　50

第 8 章　表計算の応用 51
8.1　計算の基礎　51
8.2　セルの参照　55
8.3　Mika Type の打数データの応用　57
8.4　自宅学習時間管理データの応用　57
8.5　章 末 課 題　57

第 9 章　レポート作成の基礎 59
9.1　レポートの作成方法　59
9.2　レポート作成上の注意　61
9.3　Excel データの利用　62
9.4　Mika Type の打数に関するレポート作成　62
9.5　章 末 課 題　63

第 10 章　プレゼンテーションソフトの基礎 65
10.1　PowerPoint の起動方法と基本操作　65
10.2　アニメーションの設定方法　67
10.3　自己紹介のスライド作成　68
10.4　章 末 課 題　68

第 11 章　プレゼンテーションソフトの応用 69
11.1　発 表 方 法　69
11.2　自己紹介の発表　71
11.3　発 表 評 価　71
11.4　自 己 評 価　72
11.5　章 末 課 題　72

第 12 章　学生生活と情報 73
12.1　情報の定義　73
12.2　情報の収集方法・活用方法　73
12.3　章 末 課 題　75

第 13 章　インターネットと情報検索 77
13.1　インターネットの利点　77
13.2　情報検索方法　77
13.3　インターネットの問題　78
13.4　章 末 課 題　79

第 14 章　情報モラルとセキュリティ 81
14.1　情報モラル　81
14.2　セキュリティ　82
14.3　章 末 課 題　83

第 15 章　最新のネットワークコミュニケーション 85
15.1　SNS とは　85
15.2　SNS の利点・欠点　86
15.3　ネットゲームの落とし穴　86
15.4　SNS の上手な使い方　88
15.5　章 末 課 題　88

索　　引　89

到達度確認用ポートフォリオ
自己評価シート

本書の使い方

本書は，主に大学や短期大学，専門学校の学生が初年次教育の場面で学習する情報教育のテキストとして，特にリメディアル教育の観点から，今後の学習を円滑にすすめるために最低限必要な知識を厳選して構成したもので，構成は全15章となっている。本書を実際の講義で使用することを想定し，当該科目が半期開講科目であることを想定すると15コマとなり，1コマで1章ずつ進めていくことができるように配慮している。また，学生が予習や復習を行うことができるように，できる限り平易な言葉で詳しく説明を加えている。学生は，本書を通読し，必要に応じて実際にパソコンを動かしながら予習・復習をすることで，パソコン操作・タイピング・Officeソフトの操作だけでなく，就職後に必要となるビジネス文書の書き方，ポスターやイベント企画書などの作成方法，パワーポイントを使用したプレゼンテーションといった幅広い技能を修得することができる。さらに，情報化社会に生きる私たちに必須となる情報モラルやセキュリティ，最新のネットワークコミュニケーションといった内容にも触れることで，これまで学んできた知識・技能とこれから必要になる知識・技能を体系的に修得することができる。

なお，本書の特長の一つとして，到達度確認用ポートフォリオを導入している点である。これは，教員と学生間の双方向コミュニケーションツールという位置付けで，学生は，各講義の内容を記録し，自己評価を5点満点で記入するというものである。この点数化する項目については，文部科学省が提示している学士力の大項目を採用している（「学士課程教育の構築に向けて」〔審議のまとめ〕）。各大項目の下に様々な項目があるので，必要があれば，それらを項目にすることで，さらに詳細な学習履歴とすることも可能である。また，学生が自己評価として得点を記入する欄の隣に，教員が当該学生に対する得点を記載する欄を設けている。必要ないと思う方もいるかもしれないが，学生の評価と教員の評価では，乖離が生じる場合がしばしばある。この評価の差というものが，できる限り小さくなっていくことで，情報リテラシー教育が確実に定着するような講義になっていくのではないかと筆者らは期待している。学生は学習履歴として，また，教員は教育履歴として，双方にとって役に立てて頂ければ幸いである。参考までに，次ページに到達度確認用ポートフォリオの記入例を示す。

到達度確認用ポートフォリオ

番号：[　　　　　　　　] 名前：[　　　　　　　　]

受講科目名	情報リテラシー （必修・選択）	担当教員		目標成績	/100
この科目の目標を具体的に記述	スマートフォンの扱いには慣れているが，パソコンの扱いには自信がなく，これからの学生生活に必要だと感じたので受講した。 この講義では特に，タイピングが速くなることと，Office ソフトが使いこなせるようになりたい。				

授業回	日付	講義内容	学士力に基づく評価（5点満点で記述）								教員所見
			知識・理解		汎用的技能		態度・志向性		総合的な学習経験と創造的思考力		
			学生	教員	学生	教員	学生	教員	学生	教員	
1	4/10	ガイダンス，1章パソコンの基礎	3	3	3	2	4	3	3	3	目標達成のために頑張りましょう。
2											
3											
4											
5											
6											
7											
8											
9											
10											
11											
12											
13											
14											
15											

自己評価を具体的に記述		教員の総合所見	

また，一定間隔における講義時間において学生がどの程度講義内容について習熟しているかを測るために自己評価シートも導入した。この自己評価シートは，星・渡辺ら[1]の標的スキルに関する尺度を導入したものであり，過去に筆者らも使用し，その効果を確かめている[2]。記載例は次ページの通りである。学生に，自分の現時点での評価を縦線で記入してもらい，左端からの長さを点数に置き換える手法である。この横線は 100 mm となっているので，100 点が最高点となり，現時点での学生自身の評価を客観的に把握することができる。この自己評価シートを筆者らは講義の第 1 回目，第 7 回目，第 15 回目の計 3 回実施していた。この自己評価シートは到達度確認用ポートフォリオとは異なり，学生自身の習熟度確認だけでなく，その評価を受けて教員が今後の講義等にフィードバックできるように配慮している。測定方法や評価方法については，筆者らの報告[2]を参照されたい。

注)

1) 星雄一郎・渡辺弥生「高校生に対するソーシャルスキル・トレーニングの標的スキルの定着化への取り組み」教育実践学研究，第 18 巻第 1 号，2016 年 9 月，11-22 頁。
2) 荒平高章・鈴木和也「情報リテラシー演習の効果と課題―情報ネットワーク学科の学生を対象として―」九州情報大学研究論集，第 22 巻，2020 年 3 月，27-32 頁。

自己評価シート

番号：　　　　　　　　　　名前：

あなたが，現時点で当てはまる程度を表す位置に縦線を入れてください。

1. コンピュータにどのくらい詳しいですか。
まったく　　詳しい

2. タッチタイピングはできますか。
まったく　　できる

3. タイピングはどのくらい速いですか。
遅い　　速い

4. Word はどのくらい得意ですか。
まったく　　得意

5. Excel はどのくらい得意ですか。
まったく　　得意

6. Power point はどのくらい得意ですか。
まったく　　得意

7. レポートの書き方について知っていますか。
まったく　　知っている

8. プレゼンテーションの方法について知っていますか。
まったく　　知っている

9. 情報モラル・セキュリティについてどのくらい詳しいですか。
まったく　　詳しい

10. 個人情報の取り扱いについてどのくらい詳しいですか。
まったく　　詳しい

11. SNS の活用方法や問題点について理解していますか。
まったく　　理解している

第1章　パソコンの基本

この章では，パソコンの基本について，その構造や通信方法，さらには初期操作方法について学習を行い，パソコンの基本的な扱い方を習得する。

1.1　パソコンとは

パソコンとは，パーソナルコンピュータ（Personal Computer）の略称である。パソコンは，仕事などで扱う各種データを処理したり，通信設備や情報ネットワーク網を利用して，人と人とのコミュニケーションを媒介したりするためのツールとして，現代社会では欠くことのできないものとなっている。

1.2　パソコンの構造

パソコンは，パソコン本体や周辺装置などの，いわゆる**ハードウェア**と**ソフトウェア**から構成されている。ハードウェアとは，パソコンを構成している各種装置などの総称である。またソフトウェアとは，プログラムや利用技術の総称である。

（1）ハードウェアの構成　ハードウェアには，入力装置，出力装置，演算装置，制御装置，記憶装置の5つの装置があり，これらをコンピュータの5大装置と呼ぶ。特にその中でも演算装置と制御装置のことを総称して**中央処理装置**（CPU：Central Processing Unit）といい，入力装置，出力装置，**補助記憶装置**のことを周辺装置という。

（2）各装置の特徴

中央処理装置

- **演算装置**……加減乗除のいわゆる四則計算をはじめとして，各種計算や比較を行う。
- **制御装置**……主記憶装置内に記憶されているプログラムの命令を取り出して解読し，各装置へ命令を伝達する。
- **記憶装置**……プログラムやデータを記憶する装置（主記憶装置，あるいはメモリ，内部メモリともいい，外部記憶装置と区別する）。

周辺装置

- **入力装置**……データを入力する（キーボード，マウス，スキャナなどが挙げられる）。
- **出力装置**……処理されたデータを人間の目で見てわかるように表示する（プリンタ，ディスプレイ，スピーカーなどが挙げられる）。
- **補助記憶装置**……主記憶装置の記憶容量の不足を補う役割をする。外部記憶装置ともいう（CD-R，CD-RW，DVD-R，USBメモリなどが挙げられる）。

図 1-1　ハードウェア構成

(3) ソフトウェア　ソフトウェアとは，コンピュータを作動させる命令の集まりであるコンピュータプログラムを組み合わせ，何らかの機能や目的を果たすようまとめられたものをいう。このソフトウェアには，その役割により，ハードウェアの制御や他のソフトウェアへの基盤的な機能の提供，さらには利用者への基本的な操作手段の提供などを行う**オペレーティングシステム**（OS：Operating System，基本ソフトという）と，特定の個別的な機能や目的のために作られた**アプリケーションソフト**（application software，応用ソフトという）に大別される。

ファイルとはデータやプログラムの基本単位のことであり，ハードディスクなどの記憶装置に記録されたひとまとまりの情報のことを指す。パソコン内のデータはすべてファイルとして記録されており，パソコンが識別できるように，音声や画像，動画や文書などとデータごとに分類されて保存されている。

ファイルは，画像や音声，動画，文書やデータベースなど，アプリケーションで使用されるデータファイルと，パソコンがプログラムを実行できる形式で記述されたプログラムファイルに分けることができる。一方，**フォルダ**とは，ファイルを保存する入れ物のことをいう。ファイルが増えすぎるとまとまりがつかなくなるが，フォルダに分類することで見やすく整理・管理することができる。例えば，画像ファイルを収納する「画像フォルダ」や音楽ファイルを収納する「音楽フォルダ」などのように，ファイルの形式や目的によって分類し整理することで，仕事の効率化が図れる。

1.3　通信方法の基礎

複数のコンピュータを接続する技術，あるいは接続されたシステム全体の総称を，**コンピュータネットワーク**（Computer Network）という。

(1) コンピュータネットワークの種類　コンピュータネットワークにはいくつかの種類がある。以下に挙げるのは規模による分類の一例である。

a. LAN（Local Area Network）…　LANとは，個人の家やオフィス，ビルなどのいわゆる狭い範囲をカバーするネットワークのことをいう。各種機器のネットワークへの接続は，有線あるいは無線で行われ，**インターネット**にも接続されている。

b. WAN（Wide Area Network）…　WANとは，広い範囲をカバーするネットワークのことをいう。企業によっては専用回線を使用してネットワークを構築することもあるが，一般的には通信業者の提供するインフラを使用することがほとんどである。

c. インターネット（Internet）…　インターネットとは，世界中の多数の企業や政府，公共や私用のネットワークを相互接続した地球規模のネットワークをいう。当初，軍事利用が主な目的で

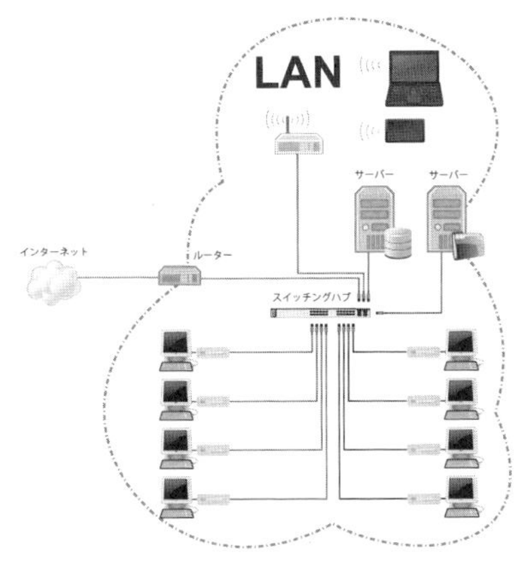

図 1-2　LAN のイメージ図

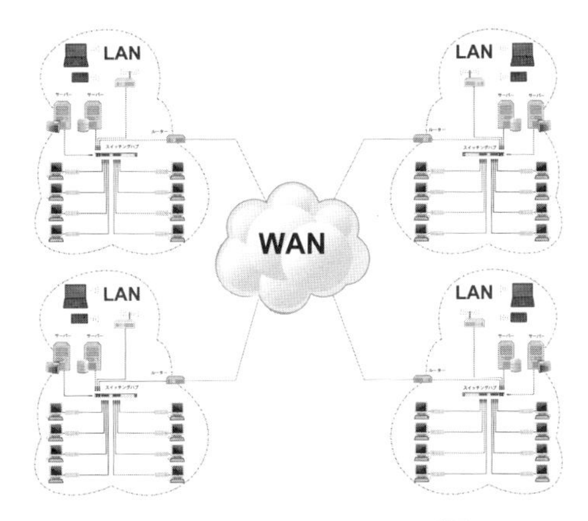

図 1-3　WAN のイメージ図

あったが，次第に学術分野や民間企業でも利用されるようになり，誰でも気軽に使えるものになった。世界中に張り巡らされたネットワーク網が，あたかも蜘蛛の巣状のようであるため，**WWW**（World Wide Web）といわれている。

図 1-4　インターネットのイメージ図

1.4　初期操作方法

（1）電源プラグの確認　初めてパソコンを起動するときに気を付けなければならないのが，電源プラグの確認である。ノートパソコンの場合，コンセントに電源プラグを差し込んでいなくても，電源を入れることが可能である。しかし，初期設定の途中で内蔵しているバッテリーに充電されている容量が切れてしまうと故障の原因にもなるので，初期設定を行う場合は，必ず電源プラグをコンセントに差し込んでおくことが重要である。

（2）インターネット回線への接続　初期設定をすべて完了させるためには，インターネットへの接続が必要になってくる。インターネットを利用するためには，事前に通信事業者とインターネット回線の契約やネットワーク機器の設定を行っておく必要がある。初期設定を行う前には，インターネット環境を整えておかなければならない。

（3）時間に余裕をもって行う　パソコンの初期設定は，その処理に時間がかかることがある。中途半端な状態で放置してしまうようなことがないように，時間に余裕をもって作業にあたることを心がける。

（4）Windows10 搭載パソコンの初期設定　Windows10 が搭載されているパソコンは，以下の手順で初回のセットアップを行う。つまり，

①パソコンの電源を入れる。しばらく黒い画面が続くことがあるが，初回のセットアップに必要な処理を行っているので，そのまま次の画面に切り替わるのを待つ。

②「法的文書をお読みください」という画面が表示される。内容を確認して，「承諾する」ボタンをクリックする。

③続いて「接続する」という画面が表示される。無線で接続する場合は，画面に利用できる無線環境の一覧が表示されるので，選択してセキュリティーキーを入力する。有線接続の場合は，ネットワーク機器とパソコンがケーブルでつながっていることを確認し，「次へ」をクリックする。

④「すぐに使い始めることができます」という画面が表示される。ここで「カスタマイズ」をクリックすると，Microsoftへデータの送信を行うかどうかなど，詳細な設定を変更することもできる，通常は「簡単設定を行う」をクリックして次に進む。

⑤「お待ちください」という画面が表示される。

⑥しばらく待つと，「自分用にセットアップする」という画面に切り替わる。このときMicrosoftアカウントへのログインを求められるので，すでにアカウントを持っている場合は，メールアドレスとパスワードを入力して「サインイン」を行い，まだアカウントを持っていない場合は「作成しましょう」のリンクをクリックする。

⑦アカウントを作成する場合，画面に以下の情報を入力し，「次へ」をクリックする。つまり，

・メールアドレス……普段使用しているメールアドレスを入力する。Microsoftアカウント用に新しくアドレスを作成したい場合は，「新しいメールアドレスを取得」をクリックする。

・パスワード……8～16文字の半角英数字と記号を組み合わせ，自分の好きなパスワードを作成する。

・日本……住んでいる国や地域を変更したい場合，プルダウンから選択できる。

⑧続いて「セキュリティ情報の追加」という画面が表示される。電話番号かアカウントに使用したアドレス以外のメールアドレスを入力し，「次へ」をクリックする。

⑨「最も関連の高い情報を表示」という画面が表示される。内容を確認して「次へ」をクリックする。

⑩「PINのセットアップ」という画面が表示される。これは初回セットアップで設定しておく必要はないので，「この手順をスキップする」をクリックする。ちなみにPINとは，情報システムが利用者の本人確認のために用いる秘密の番号のことである。本人がシステムにあらかじめ数桁の番号を登録し，システムの利用時に入力することで，利用しようとする人物が本人であることを確かめるために使われるものである。

⑪「どこでもファイルにアクセス」という画面が表示される。内容を確認して「次へ」をクリックする。

⑫「はじめまして，Cortanaと申します。」という画面が表示される。Cortanaとは，Windows10のアシスタント的存在で，有効にしておくと何かと便利なのでパソコンの操作などに不安がある場合は「Cortanaを使う」をクリックして次に進む（「後で設定する」を選択しても問題はない）。

⑬「おすすめ設定・セキュリティ対策」という画面が表示される。マカフィーなど，セキュリティ対策ソフトが最初からパソコンにインストールされている場合は，ここで利用開始の設定を行うことができる。

⑭「しばらくお待ちください　アプリを設定しています」または「準備をしています　PCの電源を切らないでください」という画面が表示される。続いて「ようこそ」「Windowsは最新の状態に維持され，オンライン時のユーザーの保護に役立ちます」といった画面に自動的に切り替わるの

で，そのまましばらく待つ。

⑮設定が完了したら，最後に Windows10 のロック画面が表示される。画面をクリックし，入力欄に Microsoft アカウントのパスワードを入力し「Enter」キーを押す。

⑯サインインが完了し，デスクトップ画面が表示されれば初回セットアップは無事に完了したことになる。

1.5 章末課題

・コンピュータの 5 大装置とは何か答えなさい。

・次の装置は 5 大装置の何にあたるか答えなさい。

a. キーボード　b. マウス　c. ディスプレイ　d. プリンタ

e. ハードディスク・ドライブ　f. CPU

・有線 LAN と無線 LAN の違いについて説明しなさい。

・パソコンを起動させて使えるような状態にしなさい。

・デスクトップ上に「パソコンの基礎」という名前のフォルダを作成しなさい。

・作成した「パソコンの基礎」フォルダの中に「パソコンの構造」という名前のフォルダを作成しなさい。

・デスクトップ上に作成したフォルダを「ごみ箱」に移動させなさい。

第2章　タイピングの基本

この章では，タイピングの基本について，および**タッチタイピング**を練習ソフトで習得することと，そのために必要なキーボードの配列や**ホームポジション**について学習する。

2.1　タイピングの重要性

(1) 情報化の進展　近年，情報化の進展が著しい。かつてのコンピュータは大型のものが主流で，企業などで行う業務を中心に使われていた。しかし，最近では，技術革新にともない次第に小型化され，個人が仕事以外にもコンピュータを使う場面も増えてきた。

(2) コンピュータの小型化　小型化され便利になったコンピュータであるが，コンピュータといえば，入力装置，出力装置，演算装置，制御装置，記憶装置といわれる，いわゆる5大装置から構成され，例えば，データを入力するには主にキーボードを使って行っている。しかし，携帯電話などの**モバイル機器**にみられるように，近年ではタッチパネルを通して，操作者が指でデータの入力を行うことが主流になってきた。

(3) 企業におけるコンピュータ　個人でコンピュータを操作する場合には，上記のようにキーボードを使わずにデータの入力を行う場面も数多くみられるようになってきた。しかし，企業においては，図2-1のような**デスクトップ型**のパソコンを使って業務を行うことも少なくなく，キーボードを操作することも情報リテラシーとして身につけておくことが必要である。企業においては作業の迅速性も求められるため，正確に，また速く入力できることが重要である。そのためにも，日々少しずつ練習して円滑にキーボードの操作ができるようにしておくことが大切である。一般に，タイピングに熟練した人であれば，英文で1分間に200文字以上は打てるといわれている。

2.2　ホームポジション

(1) タッチタイピング　タッチタイピング（Touch Typing）とは，パソコンやワープロでキーボードを使って入力を行う場合に，キーボード面の文字を見ることなく，指先の感覚だけを頼りに

図2-1　デスクトップコンピュータ

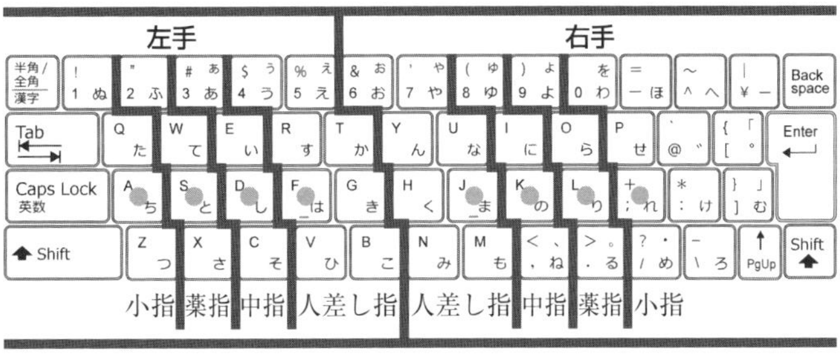

左手　右手

小指　薬指　中指　人差し指　人差し指　中指　薬指　小指

●印がホームポジション

図2-2　ホームポジション

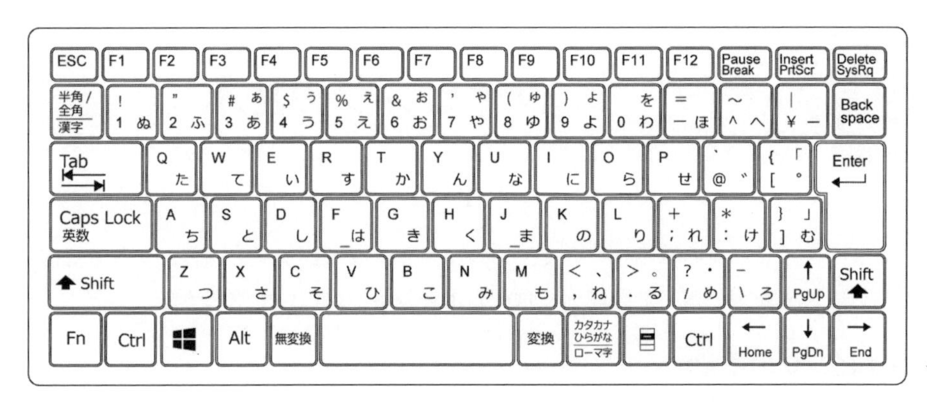

図 2-3　キーボード

してキーを打つタイピングの技法のことである。**ブラインドタッチ**，あるいはタッチメソッドともいわれている。

(2) ホームポジション　ホームポジションとは，タッチタイピングをするときに指を置く，キーボード上の基本位置のことをいう。右手は，人差し指から小指に向かって「J」「K」「L」「；」，左手は，人差し指から小指に向かって「F」「D」「S」「A」で，両手の親指はスペースキーの上におく。タイピングを始めるときと終わるときは指がホームポジションの位置にくるように練習を重ねることが大切である。企業では多くの文書の作成を行っている。文書を作成する際にその都度手元を見ていたのでは迅速な処理はできない。

(3) キーボードの配列　図 2-3 は，コンピュータのキーボードである。このコンピュータのキーボードの文字配列にはいくつかの種類がある。ここでは主な 3 つについて説明する。まず QWERTY（クアーティー）配列は，コンピュータなどに文字を入力するキーボードの標準的なアルファベットの配列の一つである。英字を 3 段に分けて配列し，上段が左から順に「QWERTYUIOP」，中段が「ASDFGHJKL」，下段が「ZXCVBNM」となっているのが特徴である。コンピュータ用の一般的なキーボードでは，これを中心として上下左右に数字や記号などのキーや装飾キーなどが配置されている。次に DVORAK（ドボック）配列は，1932 年に米国ワシントン大学のオーガスト・ドボック（August Dvorak）教授が，英文タイプライターのキー配列として考案したものであるといわれている。これは，英字を 3 段に分けて配列し，上段が左から順に「PYFGCRL」，中段が「AOEUIDHTNS」，下段が「QJKXBMWVZ」となっているのが特徴である。コンピュータ用の一般的なキーボードでは，これを中心として上下左右に数字や記号などのキーや装飾キーなどが配置されている。そして JIS（ジス）配列は，JIS（日本工業規格）として標準化された日本語キーボードのキー配列の規格の一つである。最初の規格は，1980 年に「JIS C 6233　情報処理系けん盤配列」として標準化された（1987 年に情報関連標準を扱う X 部門が新設され，JIS X 6002 に変更された）。アルファベットの配列は，英語圏での標準である QWERTY 配列が採用されているが，記号の位置などが若干異なっている。なお，かな文字は最上段左から「ぬふあうえおやゆよわほへ」，2 段目左から「たていすかんなにらせ」，3 段目左から「ちとしはきくまのりれけむ」，4 段目左から「つさそひこみもねるめろ」の順に配列されている。国内で使われている多くのコンピュータは JIS 配列が採用されている。

2.3 Mika Type を使ったタイピング

(1) Mika Type とは　Mika Type とは，今村二朗氏が学校教育用に作成したタイピング練習用のソフトウェアで，正式名称は「美佳のタイプトレーナ」という。初心者から上級者まで幅広く練習ができることと，無料で使えることが魅力的なタイピングソフトウェアである。種類も豊富でいろいろなタイピング練習ができるので，小学校や中学校，高等学校，短期大学，大学など多くの教育機関で幅広く使えるのが大きな特徴である。他の有料ソフトウェアのようなゲーム性はあまりないが，成績管理ができるなど，タッチタイピングの練習には最適なソフトウェアである。毎授業において，時間を決めて練習をしたり，打鍵数を記録したりして，タッチタイピングの技術向上に努めることが大切である。タッチタイピングは，実際の業務に役立つだけでなく，情報系関連の資格取得の際にも必須の項目に挙げられていることも多く重要である。

(2) Mika Type のダウンロード　Mika Type は，専用のホームページからソフトウェアをダウンロードして使う。以下はその方法である。

美佳のタイプトレーナホームページ（http://www.asahi-net.or.jp/~BG8J-IMMR/）から Ver2.06 をダウンロードする（図 2-4，黒枠の部分）。

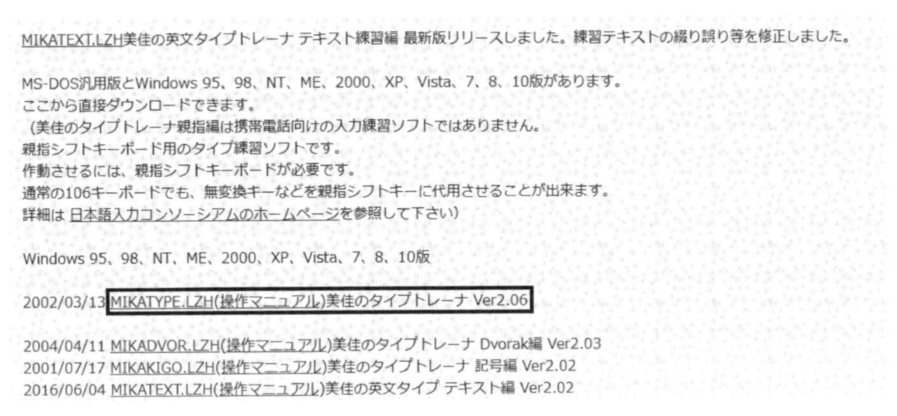

図 2-4　ダウンロードファイルの選択

（出所）美佳のタイプトレーナホームページ（http://www.asahi-net.or.jp/~BG8J-IMMR/）。

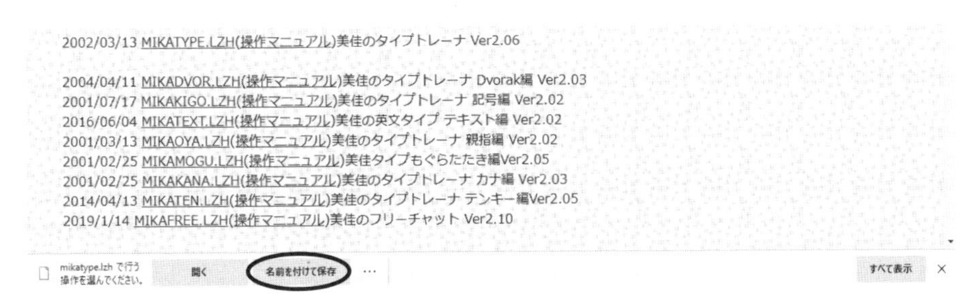

図 2-5　ダウンロードファイルの保存

（出所）図 2-4 に同じ。

美佳のタイプトレーナは，圧縮されたファイルを解凍するだけで，コンピュータにインストールするという操作は行わない。黒枠の部分を選択すると図2-5のような画面が表示されるので，保存を選択（丸印）し，自分のパソコン上の適当なディレクトリ（デスクトップやリムーバブルディスクなど）に名前をつけて保存して解凍をする。ここに記したリムーバブルディスクとは，着脱可能な記憶媒体のことで，リムーバブル・メディアとも呼ばれ，MOディスクやUSBメモリなどがこれにあたる。

（3）Mika Typeで練習　美佳のタイプトレーナを解凍し表示されたアイコンをクリックすると，練習をすることができる。内容としては以下のようなメニューが表示され，各々のレベルに合わせて行うことができる。

1　ポジション練習
2　ランダム練習
3　英単語練習
4　ローマ字練習
5　成績
6　終了

初心者なら「ポジション練習」でまずはブラインドタッチができるように練習したり，慣れてきたら，「ランダム練習」や「英単語練習」，「ローマ字練習」などをしたりすると効果的である。タイピングの練習は，毎日少しずつ練習することが上達のコツである。

2.4　タイピング検定で実践練習

（1）検定試験に挑戦してみよう　美佳のタイプトレーナで練習が進み自信がついてきたら，タイピング検定に挑戦して自身の実力を知ることも大切である。また検定試験を受験して相当級に認定されると，履歴書の資格取得の欄に書くことができるので，積極的に挑戦してもらいたい。

（2）タイピング検定試験について　パソコンのタイピングについての検定試験にはいくつかの種類がある。ここでは主なものについて紹介をする。

①キータッチ2000　キータッチ2000は，日本商工会議所が主催する試験で，キーボード操作技能を証明するものである。この試験は，合否を判定するものではなく，10分間の試験時間中に入力できた文字数で技能を証明するものである。初めてパソコンを使う人やもっと速く入力ができるようになりたい人，キーボードの正しい入力方法を身につけたい人などに向いている。試験は商工会議所に認定登録されたネット試験会場で，随時受験することが可能である。最寄りの商工会議所に問い合わせると詳細がわかる。なお，受験者全員に「技能認定証明書」（カード）が交付される。また，10分間に2000字すべての入力を終えると，「ゴールドホルダー認定書」（カード）が交付される。

②ビジネスキーボード認定試験　ビジネスキーボード認定試験は，キータッチ2000テストの中・上級のレベルにあたり，ビジネスの現場で必要とされる「タッチタイピングの速さと正確さ」を重視した試験である。試験科目は，「日本語」「英語」「数値」の3科目あり，科目ごとに入力文字数に応じて，SからA，B，C，Dまでの5段階で技能認定が行われる。なお，日本語，英語，数値の3科目すべてにおいてS評価を得た受験者には，「ビジネスキーボードマスター」としての

認定書が授与される。試験は商工会議所に認定登録されたネット試験会場で，随時受験することが可能である。最寄りの商工会議所に問い合わせると詳細がわかる。

③**パソコンスピード認定試験（日本語）**　この認定試験は，パソコンの日本語ワープロソフトの有効な利用を通じて，正確かつ迅速な入力技能とコンピュータ活用能力の向上を図ることを目的として実施されている。日本情報処理検定協会が実施しており，専門学校などの認定登録校において実施されている。試験内容は，10分間に問題文通りに入力する。時間内に入力した純字数により，初段から5級を認定する。その内容は，初段（1500文字以上），1級（1000文字以上），2級（700文字以上），3級（500文字以上），4級（300文字以上），5級（100文字以上）となっている。

④**パソコンスピード認定試験（英文）**　この認定試験は，パソコンの英文ワープロソフトの有効な利用を通じて，正確かつ迅速な入力技能とコンピュータ活用能力の向上を図ることを目的として実施されている。日本情報処理検定協会が実施しており，専門学校などの認定登録校において実施されている。試験内容は，10分間に問題文通りに入力する。各行末の改行位置も問題通りとする（行末でエンターキーを押し強制改行する）。時間内に入力した純ストローク（純字数）により，初段から5級を認定する。その内容は，初段（3500ストローク以上），1級（2000ストローク以上），2級（1400ストローク以上），3級（1000ストローク以上），4級（600ストローク以上），5級（200ストローク以上）となっている。

その他，タイピングのみの検定試験ではないが，その内容にタイピングが含まれているICTプロフィシエンシー検定協会主催のP検，一般社団法人未来教育推進機構主催の日本語ワープロ技能標準試験，公益社団法人全国経理教育協会主催の文書処理能力検定（ワープロ）試験なども，Mika Typeで練習した成果を確認するために有効である。

2.5 章末課題

- タッチタイピングとは何か説明しなさい。
- ホームポジションの態勢をとりなさい。
- Mika Typeを使ってタッチタイピングの練習をしなさい。
- Mika Typeでローマ字入力の練習を行い打鍵数を「打数表」（第6章参照）に記録しなさい。

第3章　文書作成の基礎（1）

この章では，代表的なワープロソフトである Microsoft Word 2016（以下 Word）を使った基本的な操作方法とビジネス文書の作成について学習する。

3.1　Word の起動方法と基本操作

（1）Word とは　Word（ワード）とは，Microsoft 社が開発した文書作成のためのソフトウェアである。文書作成のためのソフトウェアには種々あるが，近年は Word を使用することが多くなってきた。かつて教育現場では，JustSystems 社の一太郎を使用することが多かったが，企業を中心に Microsoft 社の Word の普及が進み，就業後の実務等を考慮する中で，教育現場においても次第に Word を使用することが多くなってきた。したがって，情報リテラシーにおいても Word の技術を習得することが重要である。

図 3-1　Word のアイコン

（2）Word の起動方法　Word の起動方法は，コンピュータのデスクトップ上に図 3-1 のような Word のアイコンがある場合，マウスで**ダブルクリック**して起動する。ダブルクリックとは，マウスの左側のボタンを「カッチカッチ」と 2 回連続して操作することである。設定によっては，1 回の操作で起動させることもできる。デスクトップ上に**アイコン**が表示されていない場合，画面左下にあるスタートアイ

図 3-2　スタートアイコン

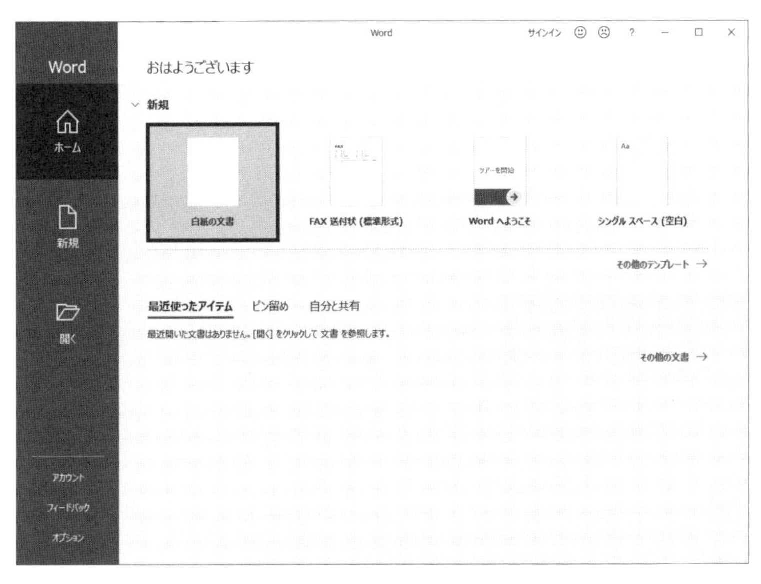

図 3-3　Word の起動時の画面

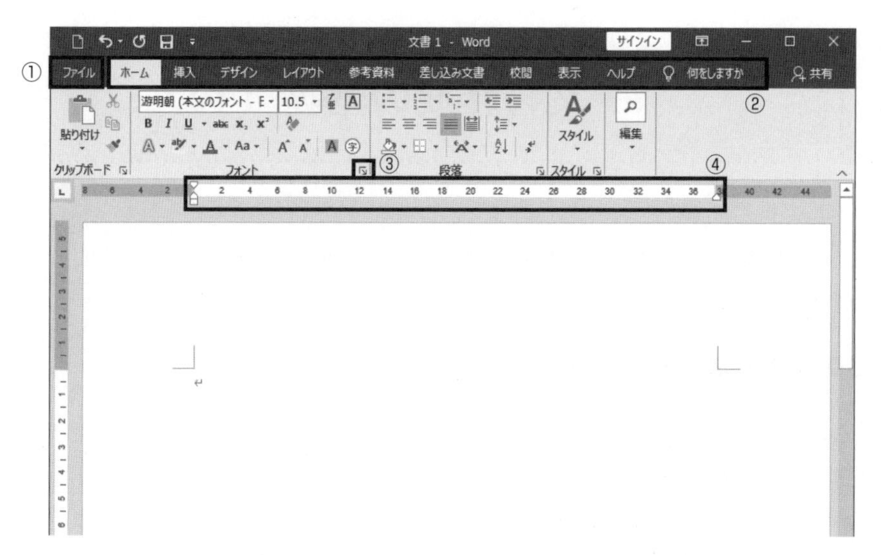

図 3-4　Word の新規文書

コン（図 3-2）をクリックし表示させ，アプリケーションから Word を探してクリックすると Word が起動し，図 3-3 のような画面が表示される。新たに文書を作成する場合は「白紙の文書」（囲み部分）を選択しクリックすると「新規文書」が表示される（図 3-4）。

（3）Word の基本操作　図 3-4 を例に，Word を使う際の具体的な操作方法を説明する。まず，画面構成であるが，①は［ファイル］タブという。**ファイルタブ**は，ファイルを開く，保存する，印刷するなどの際に使用するタブである。②はタブという。タブは［ファイル］タブだけでなく，ホームや挿入といったタブがある。③は**ダイアログボックス**起動ツールである。「ダイアログボックス」とは，操作の過程で入力やメッセージの確認のために一時的に開かれる小さなウィンドウのことをいい，それぞれの項目に対して詳細な設定が必要な場合に使用する。④は**ルーラー**である。ルーラーは，編集領域の左右・上下の余白，段落のインデント（段落の行頭を下げたり，行末の位置を上げたりする文字の組み方で，字下げともいう）などを表示するものである。なお，ルーラーを表示するには，［表示］タブの［ルーラー］をクリックしてチェックマークを付ける。すると，画面の左側と上側に目盛りが付いたルーラーが表示される。非表示にする場合も同様に行う。

Word で文書を作成する場合，1 ページの字数や行数などのページの書式を設定する場合がある。ページ設定の方法は，まず図 3-5 に示すように「レイアウト」タブにある「ページ設定」グループのダイアログボックス起動ツールをクリックする。この部分をクリックするとページ設定のダイアログボックス（図 3-6）が表示されるので，文字数と行数を設定する場合は，「文字数と行数」のタブを選択し，「文字数と行数の指定」，「文字数と行数を指定する（H）」の**ラジオボタン**をチェックし，「文字数（E）」と「行数（R）」の数字を任意のものに変更をする。「ラジ

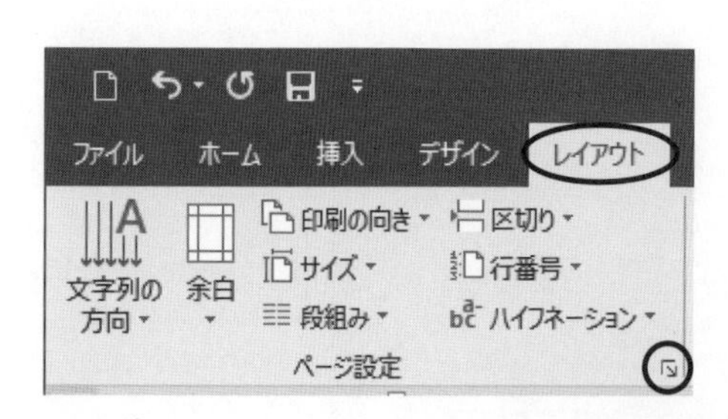

図 3-5　「レイアウト」タブと「ページ設定」グループ

オボタン」とは，コンピュータの操作画面で，複数の項目から一つを選択するための小さな丸いボタン状の入力領域である。選択肢の先頭に表示され，そのうちの一つだけを選択状態にすることができる。ビジネス文書などの作成では，30字×30行，論文やレポートなどは40字× 30行で記述するようにと指定されることが多い。

横書きで書くか，縦書きで書くかの設定もここで行う。上部の「文字方向」，「方向」の「横書き（Z）」または「縦書き（V）」のラジオボタンにチェックを入れて指定する。すぐ下の「段数（C）」の枠内の数字を変えると段組の設定も可能である。設定した内容の大まかな状態は，下段のプレビューに表示されるので，把握することが可能であるが，あくまでも簡単なイメージなので実際には文章を作成し印刷して確認してみるのがよい。その他，ページ設定のダイアログでは，余白の設定や用紙の設定を行うこともできる。「余白」のタブを選択すると，上下左右の余白ととじしろの幅・位置の設定，印刷の向き（「縦（P）」・「横（S）」）の設定などができる。「余白」の変更については，特に指定がなければそのままでよい。「用紙」のタブを選択すると，用紙サイズ（R）と幅（W）・高さ（E）の変更などができる。

フォントと文字の大きさの変更は，図3-7のように「ホーム」タブに示した囲み部分をクリックしプルダウンすると，それぞれの字体とフォントサイズが表示されるので，作成する文書に合わせた適切な字体とフォントサイズを選択するとよい。基本的に本文に関しては，字体はMS明朝を，フォントサイズは10.5～11.0を使用することが多い。

必要に応じて，「ホーム」タブの「フォント」グループの右下の「↘」をクリックすると，「フォント」のダイアログボックスが表示されるので，「フォント・スタイル・サイズ」などを選択する。それらが作成する文書の「既定」として適用される。

なお，お気に入りのフォントがあった場合，文章を作成するたびにそのフォントに設定するのは煩雑

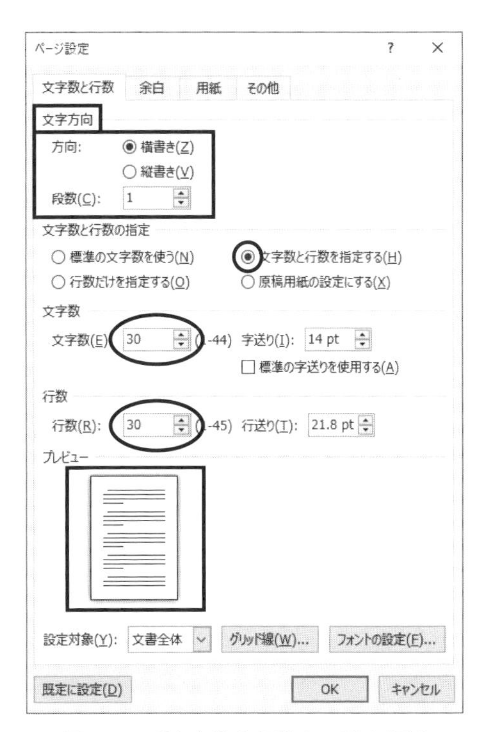

図 3-6 「文字数と行数」の設定領域

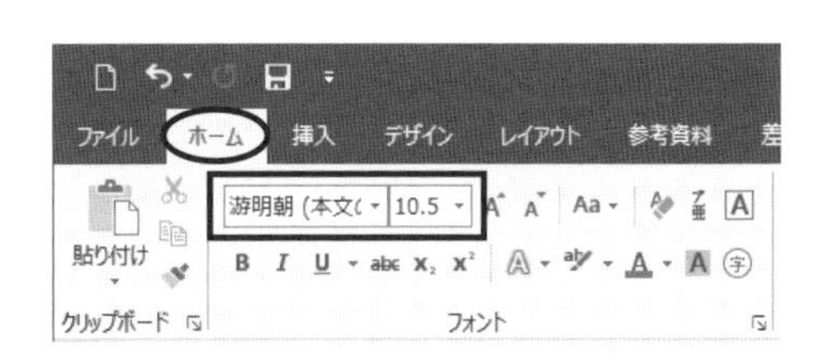

図 3-7 フォントとフォントサイズの変更

図 3-8 「文字数と行数」の設定領域

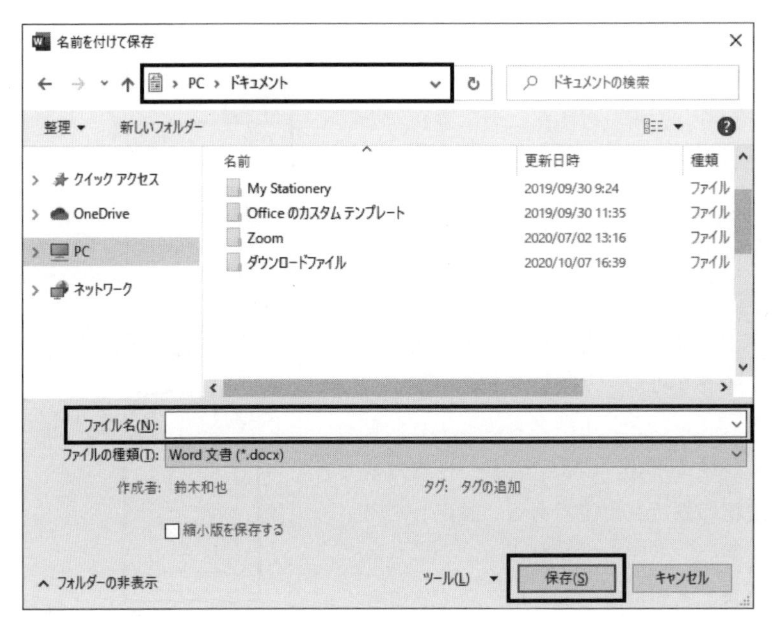

図 3-9 「名前を付けて保存」のダイアログボックス

である。ダイアログボックスからの設定では，フォントの既定設定の変更も可能である。自分が普段使用したい設定（フォント，サイズ，色など）を設定した後，ダイアログボックスの左下の「既定に設定」というボタンをクリックし，その際に開かれるダイアログボックスで「この文章だけ」を選択すると，現在作成している文書のみに適用される。

作成した文書は，通常，記録媒体に保存する。パソコン本体（ドキュメントフォルダ）や**リムーバブルディスク**などが主な保存先になる。保存の方法は，「ファイル」タブをクリックする。

図 3-8 が表示されるので，囲み部分の「名前を付けて保存」，「この PC」をダブルクリックする。その後，図 3-9 のような「名前を付けて保存」のダイアログボックスが表示されるので，囲み部分のプルダウンで保存場所を選択し，「ファイル名（N）」にファイル名を入力し，最後に「保存（S）」をクリックする。これで文書保存が完了する。なお，保存の作業はできるだけ早い段階で行うのが望ましい。その理由としては，例えば不意に PC が固まったり停電でシャットダウンするなどして，保存する前の文書が失われてしまうようなことも考えられるので，できれば最初に保存の手続きを済ませておいた方がよい。その後は文書の作成途中に，**上書き保存**を行い，作成した文書がきちんと残るような配慮をすることが必要である。

3.2 ビジネス文書の概要

（1）ビジネス文書とは　**ビジネス文書**とは，企業において主として業務に関して作成される文書のことをいう。このビジネス文書の作成は，企業の中でも重要な職務の一つである。多種多様な文書が作られ様々な業務に使われている。近年では，情報化の進展にともない，紙媒体が中心であったビジネス文書が，**電子メール**などに置き換えられている場合も少なくない。将来社会に出たときのために，正確なビジネス文書を作成する能力を身につけておくことが望ましい。

(2) ビジネス文書の特性　ビジネスの現場では，実に多くの業務が行われている。中でも重要なものが「契約」などの相対（あいたい）業務である。業務の際に行われる情報の伝達方法には，口頭によるものと文書によるものとに分けられるが，契約業務においては文書による方法が適しているとされる。つまり，口頭での情報伝達では，伝達できる量や内容に限界があること，さらには時間の経過とともに，それぞれの記憶が曖昧になり，忘れたり間違ったりという問題が生じるおそれがある。文書による方法であれば，紙面に情報が記録され間違いが生じることが少なくなる。また，口頭による方法に比べて保全性も高く，証拠としての機能も十分に期待ができる。

(3) ビジネス文書の基本　ビジネス文書を作成する場合に理解しておくことは，ビジネス文書は要件を相手に伝えることだけでなく，企業の公的な意思表示をするためのツールとしての役割もあるということである。そのため，作成にあたっては細心の注意を払う必要がある。ビジネス文書を作成する場合に気をつけることは，以下の点である。

①**一定の書式にしたがって書く**　文書によって一定の書式や形式があるので，それにしたがって書く。

②**横書きにする**　ビジネス文書は一般的に横書きが基本である。横書きにすると読み手にとっては読みやすく，また書き手にとっては書きやすいという利点があるとされている。なお，一部の儀礼的な文書（例えば，挨拶状や礼状など）は縦書きで作成する場合がある。

③**1要件は1枚にまとめる**　ビジネス文書を作成する場合，一つの要件は1枚の用紙にまとめるのが基本である。複数の要件を1枚の用紙にまとめて書いたり，一つの要件を2枚以上にわたって書いたりすることは，文書の扱いが煩雑になったり，また整理をする場合に不便になったりすることがある。

④**文体を統一する**　ビジネス文書は口語体で書くのが基本である。文書の種類によってふさわしい文体で書くのが一般的である。通常は，「～である」「～だ」で書く。

⑤**件名／表題をつける**　通常，文書には何が書いてあるかわかるように，文書の内容を短い言葉で表現した，いわゆる**件名**や**表題**をつけるのが基本である。

⑥**箇条書きにする**　文書は簡潔に要領よく書くことが重要である。そのためには，必要な項目をたてて箇条書きにする。

⑦**数字は算用数字を使う**　ビジネス文書を書く場合，横書きが基本であるが，横書きの場合は，数字は**算用数字**を使う。ただし，地名や人名などの固有名詞や慣用句などは漢数字を使う。

⑧**文書はわかりやすく，正確，簡潔に**　文書はわかりやすく正確かつ簡潔に書く。そのためには**5W2H**を基本に書く。

When（いつ）　Where（どこで）　Who（誰が）　Why（なぜ）　What（何を）

How（どのように）　How much（いくらで）

⑨**正しい言葉遣いで**　特に社外の人に宛てた文書では言葉遣いに注意する。正しい敬語を使うことが重要である。

⑩**慣用句を覚える**　ビジネス文書を書く場合，ビジネスに特有な表現（慣用句）が多々あるので，注意しながら書く。

3.3　社内文書の作成

（1）社内文書とは　　**社内文書**とは，社内における指示，命令，連絡，報告，通達などを行うために作成する文書である。内部向けの文書であるという性格上，多少の丁寧さは重要であるが，社外文書に比べると表現などが簡素化され，時候の挨拶や受信者への気遣い，さらには敬語での表現は気にしなくてもよい。用件が相手に正しく伝わればよいので，表現は簡略化されたものでもよい。

（2）社内文書の形式　　社内文書の形式はとてもシンプルである。以下に社内文書の構成要素と文例を示す。

少し説明を加えると，具体的には，例えば文書番号と発信日付，発信者名は行間を詰めて右揃えにする。件名は，文字を大きく14ポイントほどで太字にして中央に配置する。文中に「～下記のとおり～」という記述がある場合は，本文のあとに1行あけて「記」と記述し中央に配置する。用件は1.，2.，と箇条書きにして用件を短く記述する。記書きの最後に「以上」と記述し右揃えにする。担当者名は連絡先の内線番号などとともに右揃えにする。このようにすると，社内文書として体裁も整い，わかりやすくなる。

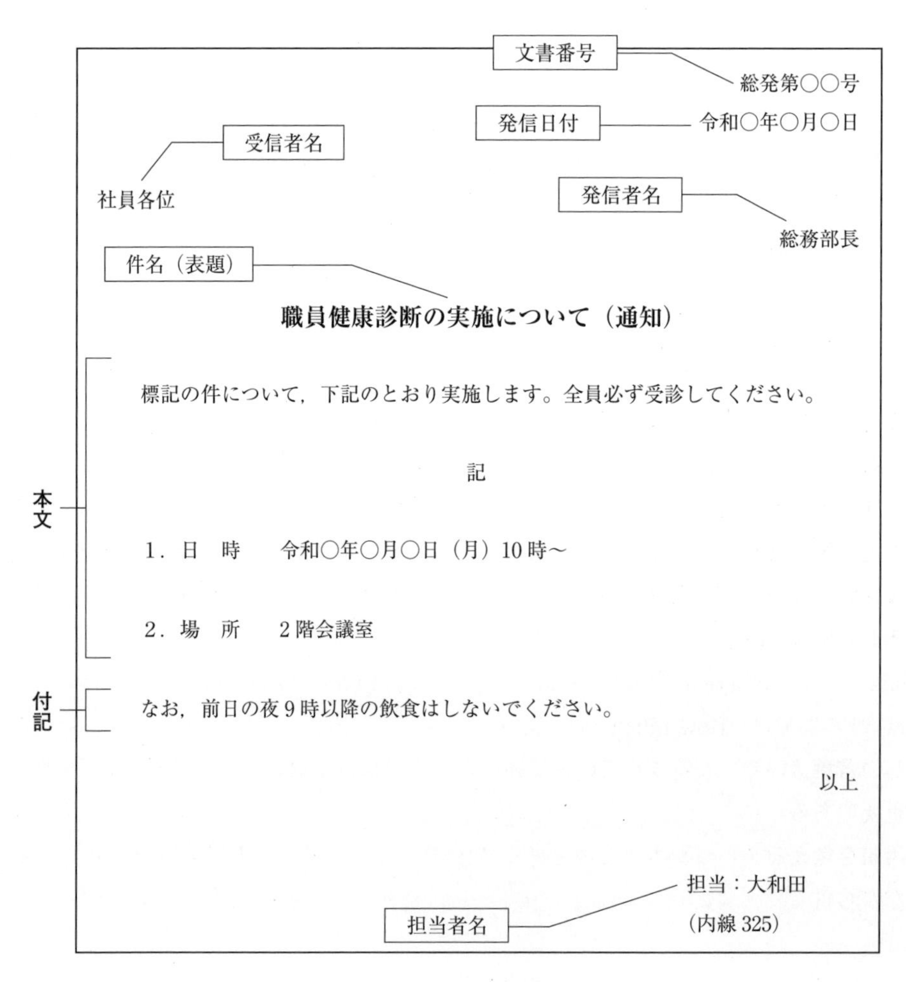

3.4　社外文書の作成

（1）社外文書とは　　**社外文書**とは，企業名を付して社外の利害関係者に対して発信する文書である。一定の形式にしたがって，正確かつ丁寧に作成することが重要である。社外文書の特徴としては，受信者への気遣いを忘れず敬語での表現を心がける。また，頭語・結語，時候の挨拶，日頃の感謝の気持ちなども忘れずに書く。

（2）社外文書の形式　　社外文書は社外の利害関係者に対して発信する文書である。社内文書よりも丁寧に書くことが重要である。以下の社外文書の形式を示す。

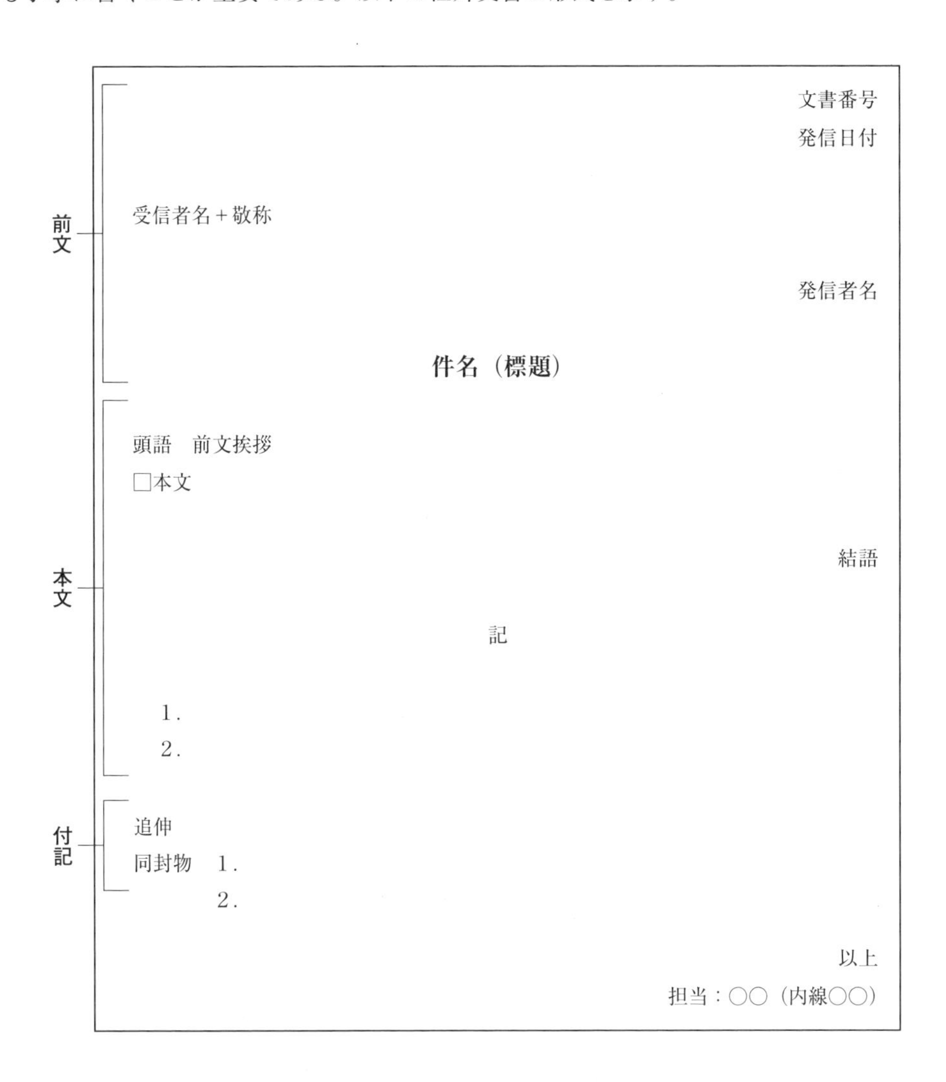

（3）時候の挨拶　　**時候の挨拶**とは，季節や天候に応じた心情や季節感を表す言葉で，手紙やビジネス文書などの**頭語**の後に続く礼儀文のことである。以下，月ごとの主なものを挙げておく。記述する場合，「～の候」とする。

1 月：初春，新春，迎春，小寒，大寒	2 月：立春，向春，早春，春浅，春雪
3 月：早春，春分，春風，春色，春陽	4 月：春暖，春晩，春日，春風，春和
5 月：晩春，残春，惜春，暮春，老春	6 月：入梅，梅雨，梅雨寒，梅雨空，長雨
7 月：盛夏，仲夏，猛暑，酷暑，炎暑	8 月：残暑，晩夏，残夏，処暑，暮夏
9 月：初秋，早秋，爽秋，新秋，孟秋	10月：秋涼，秋冷，秋晴，秋麗，秋月
11月：晩秋，季秋，霜秋，深秋，暮秋	12月：師走，寒冷，初冬，歳末，歳晩

(4) 頭語と結語　頭語とは，手紙やビジネス文書の最初にくる「こんにちは」「ごめんください」等の挨拶にあたるもので，一般的なものとしては，「拝啓」「前略」などがある。一方，**結語**とは，手紙やビジネス文書の最後にくる「さようなら」「それではまた」といった挨拶にあたるもので，一般的なものとしては，「敬具」などがある。以下，頭語と結語の主な組み合わせについて挙げてみる。

頭語	—	**結語**
拝啓		敬具
謹啓		謹言
急啓		草々
前略		草々
拝復		敬白

3.5 章末課題

・Word を起動し「自己紹介」という名前を付けてデスクトップ上に保存しなさい。
・保存した「自己紹介」ファイルを開き 40 字× 30 行にページ設定を変更しなさい。
・ビジネス文書の種類を挙げなさい。
・5W2H とはどのようなことか説明しなさい。

第4章　文書作成の基礎（2）

この章では，文書の具体的な作成方法について，中でも表と図を使った文書の作成について，表の作成方法や図の挿入方法について学習する。

4.1　見やすい文書作成

授業や講義などで課題としてレポートを作成する機会は多い。文書については，学校だけでなく社会人として就職してからも作成する場面がある。ここでは，企業などで作成する文書について説明する。企業で作成する文書は多々ある。特に社外に出す案内文や通知文は，正確な情報を相手方に伝える必要がある。そこで文書作成にも工夫を凝らし，わかりやすい体裁にすることが大切である。例えば文書内に表を配置したり，図を挿入したりすると，見た目にもわかりやすく，また記憶にも残りやすい。

Word で段落の設定をする方法は，画面の上部にあるメニューバーからデザインを選択する。次に段落の間隔を選択。ここではあらかじめ設定されている段落から選択することができ，それぞれをプレビューで確認することができるので，使いたいと判断した段落を選択し，設定することができる。Word で段落の設定をする別の方法は，あらかじめ登録されている段落設定ではなく，自分で任意で設定したいときに使う方法である。まず，**メニューバー**からデザインを選択し，段落の間隔を選択する。次に，一番下に表示されている**ユーザー設定**の段落間隔を選択。スタイルの管理というページが開くので，下にある段落の間隔という項目に自分で数字を入れて段落の体裁を決めていくことができる。Word を使って文書を作成する際に段落を上手く使うことで，見やすくわかりやすい文書になる。なお，段落設定のその他の方法としては，対象となる段落を指定して［ホーム］タブの［段落］グループにある［行と段落の間隔］ボタンをクリックして，［段落前に間隔を追加］や［段落後に間隔を追加］をクリックする方法もある。

4.2　Word における表の作成方法

Word で表を作成する場合，「挿入」タブ内の「表」にある▼をクリックし，表示されるマス目をドラッグ（マウスのボタンを押したまま動かすこと）し，必要と思われる行数と列数を選択して挿入する。その他の方法としては，「表の挿入」ダイアログのマス目の下にある「表の挿入（I)」を選択すると，直接「列数（C)」と「行数（R)」が入力できるダイアログボックスが表示されるので，必要な列数と行数を枠内に入力（上下の▲▼印で変えるか，表示されている数字を選択し，反転表示させて直接数字を打つ）すれば文書内に表が挿入される。

4.3　図の形式と挿入方法

（1）Word における図の形式　Word で使用できる図の形式は，「Windows 拡張メタファイル

(wmf)」,「Windowsメタファイル（emf)」,「JPEG形式（jpg, jpeg)」,「PNG形式（png)」,「Windowsビットマップ形式（bmp)」,「GIF形式（gif)」,「圧縮Windows拡張メタファイル（wmz)」,「圧縮Windowsメタファイル（wmf)」,「TIFF形式（tiff)」,「スケーラーブル・ベクター・グラフィックス（svg)」「アイコン（ico)」である。（　）内は**拡張子**であるが，これはファイルの種類や形式を表すために利用者やソフトウェアによって付与されるもので，一般的に1～4文字程度の半角英数字の組み合わせが用いられる場合が多い。

（2）Wordにおける図の挿入方法　Wordで作成した文書に図を挿入する場合,「挿入」のタブをクリックし,「このデバイス」,「オンライン画像」をそれぞれ必要に応じて選択する。「画像」コマンドをプルダウンし表示された「このデバイス」を選択すると,「図の挿入」ダイアログボックスが表示されるので，パソコンに保存されている画像を選択し「挿入（S)」をクリックすると，画像が文書内に挿入される。

「画像」**コマンド**をプルダウンして表示される**オンライン画像**は，ネット上からそれぞれのテーマに関連した画像を探して表示させ，作成した文書内に挿入することができる。すでに一般的に使われる「航空機」「動物」などの各項目があり，それらをクリックすると，ふさわしい画像が表示される。検索枠にキーワードを入力して探すことも可能である。この機能はインターネットに接続されている環境下で使うことができる。なお，オンライン画像を使用する際には，使用方法などにより著作権上の注意が必要な場合があるので気をつけたい。

4.4　Wordにおける文書作成の実際

（1）個人調査票の作成　Wordを使って実際に文書を作成してみよう。ここでは，個人調査票を作成してみたい。個人調査票は，学校などの教育機関で児童や生徒に書かせる書類で，住所や家族構成，顔写真の添付，自宅周辺の地図などでその内容が構成されているのが一般的である。企業などにおいても同様の書類を入社時に従業員に記入させている場合もある。

最初に外枠の作成を行う。表の作成は，4.2「Wordにおける表の作成方法」で説明した。ここでは3行×4列の表を挿入してみよう。

上記のような表ができたら，必要な項目にしたがって表の編集を行い，形式を整えていく。

ここで罫線の引き方も説明しておこう。まず,「罫線」から「罫線を引く」を選択する。すると「罫線ツールバー」が独立のウィンドウとして表示される。「鉛筆」のアイコンが選択されている場合は，自由に罫線が引ける。なお，斜め線は一つのセルの中の対角線に限って引くことが可能である。「消しゴム」のアイコンが選択されている場合は，すでに描かれた罫線を消すことができる。長く引いた罫線でも，セル単位で部分的に消すことが可能である。消したあとにセルが長方形では

表 4-1　個人調査票

氏　名	フ　リ　ガ　ナ （　　　　　　　）	顔写真
住　所	〒　　- 電話（　　　　　　　）	
家　族　構　成		
通学 方法	徒歩 ・ 車 ・ バス ・ 電車 その他（　　　　　　）	地　図
通学 時間	時間　　　分	
緊急 連絡先	氏名（　　　　　　　　） 電話（　　　　　　　　）	
備考		

なくなった場合，薄い線が残ることがあるが，この線は印刷されない。「鉛筆」のアイコンも「消しゴム」のアイコンも選択されていない場合は，罫線の移動やセル内への文字の入力が可能になる。線の太さや線の種類を変えたい場合は，変更したい場所にカーソルを置き，メニューバーから変更したい線の太さや線の種類を選択し,「鉛筆」でなぞると書き直すことができる。点線は罫線で引く。点線を入れたい行にカーソルを置き，メニューバーから罫線のマークの横の「▼」をクリックする。次に,「罫線と網掛けの設定」をクリック。「スタイル」で罫線の種類を選ぶ。いくつかの点線が表示されるので，使いたいのものをどれか一つを選び「OK」をクリックする。

それでは，表 4-1 をサンプルとして説明しよう。必要な項目は氏名，住所，顔写真，家族構成，通学方法，通学時間，緊急連絡先，備考，自宅周辺地図とする。このような表を作成する場合，その都度枠線を引いていたのではとても煩雑である。そこである程度の目安をつけて枠線を引いておき，そこに後で行や列を追加したり削除したりすると効率よく作業ができる。そこで，行の追加や削除，さらにはセルの結合の方法について簡単にみていくことにする。

（2）行の挿入の実際　表に行を挿入する場合，表の横罫線の左端にマウスのポインタを合わせると⊕印が表示されるので，クリックをすると，下に 1 行挿入される（図 4-1）。

行の高さを変更するには，以下の方法により行うことができる。まず，マウスを使う場合，高さ

番号	内訳	単価	数量	金額
1	A 部品	600	2	1200
2	B 部品	400	3	1200
3	C 部品	200	1	200

図 4-1　行の挿入の実際

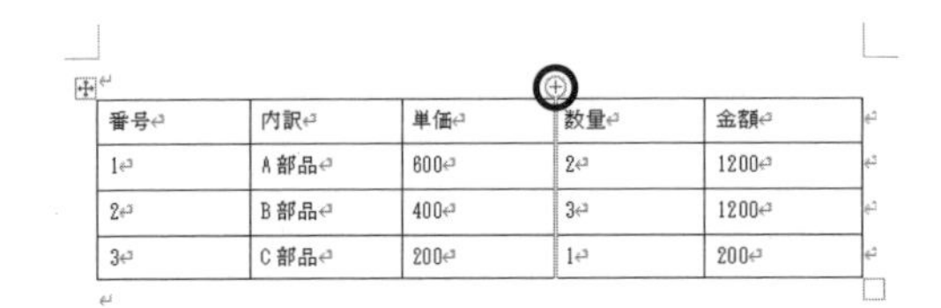

番号	内訳	単価	数量	金額
1	A部品	600	2	1200
2	B部品	400	3	1200
3	C部品	200	1	200

図 4-2　列の挿入の実際

を変更する行の下側の境界線の上にマウスカーソルを置き，**サイズ変更カーソル**（上下方向矢印）に変化したら，目的の高さになるまで境界をドラッグする。次に，特定の値に行の高さを変更する場合，サイズを変更する行のセルをクリックし，[レイアウト］タブの［セルのサイズ］グループの［高さ］ボックスに適切な数値を指定する。さらにルーラーを使う場合には，表のセルを選び，ルーラーのマーカーをドラッグする。なお，ルーラーに行の正確な値を表示する場合，Alt キーを押しながらマーカーをドラッグする。

(3) 列の挿入の実際　表に列を挿入する場合，表の縦罫線の上端に**マウスポインタ**を合わせると⊕印が表示されるので，クリックをすると，右側に1列挿入される（図 4-2）。

列の幅を変更するには，以下の方法により行うことができる。まず，マウスを使う場合，幅を変更する列の右側の境界線の上にマウスカーソルを置き，サイズ変更カーソル（両方向矢印）に変化したら，列が目的の幅になるまで境界をドラッグする。次に，特定の値に幅を変更する場合，サイズを変更する列のセルをクリックする。[レイアウト］タブの［セルのサイズ］グループの［幅］ボックスをクリックし，適切な幅を指定する。さらに，表の列を内容に自動的に合わせる場合，まず表をクリックする。[レイアウト］タブの［セルのサイズ］グループの［自動調整］をクリックし，[文字列の幅に合わせる］をクリックする。

(4) セル結合の実際　表中のあるセルと別のセルを結合させて一つのセルにすることができる。この場合，結合によって一つにしたいセルをドラッグして選択すると表示される「表ツール」タブ中の「レイアウト」タブを選択しクリックすると，コマンド「セルの結合」が表示されるので，選択しクリックをするとセルが結合される（図 4-3）。

(5) 画像挿入の実際　作成した表に画像を挿入する場合，画像を挿入したい場所にカーソル

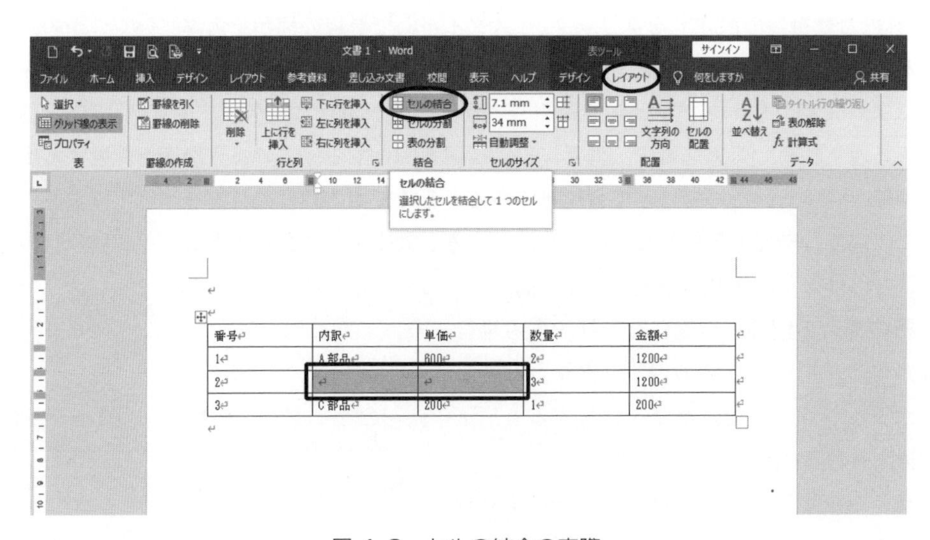

図 4-3　セルの結合の実際

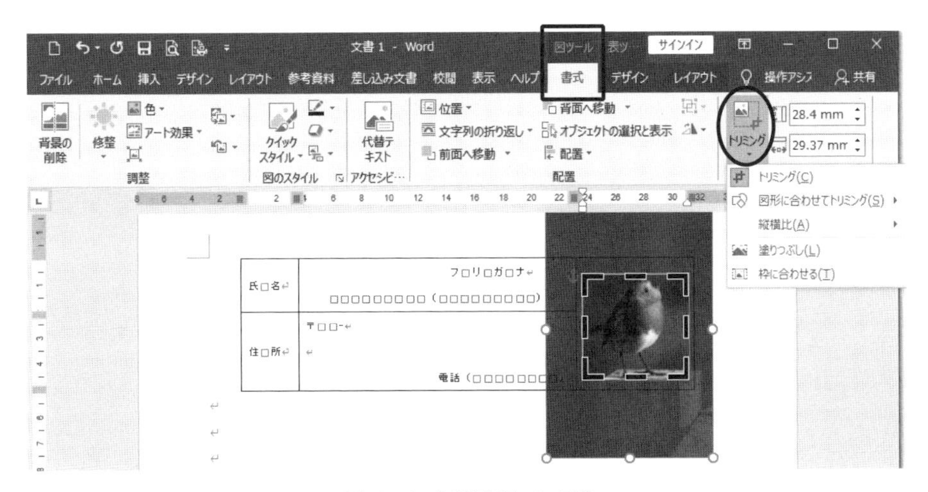

図 4-4　画像挿入の実際

を移動して,「挿入」タブを選択し,「画像」コマンドをプルダウンし表示される「このデバイス」を選択する。「図の挿入」ダイアログボックスが表示されるので，画像の保存してある場所から画像を選択し，挿入ボタンをクリックすると画像が挿入される。画像が挿入されたら，画像をクリックすると右上に「レイアウトオプション」が表示されるので,「文字列の折り返し」の「前面」をクリックする。その後，画像を選択し大きさを調整する。画像の大きさを調整するのは，画像の各隅に表示される○印をドラッグしながら調整を行うか，図を選択すると表示される「図ツール／書式」タブの「サイズ」で高さと幅の数値を直接入力して行う。大きさを調整し配置が決まったら，画像上で右クリックを行い，**トリミング**を選択する。画像の周りに黒の破線の枠が表示されるので，ドラッグしながら大きさの調整をして不要な部分をカットする（図 4-4)。

4.5 章末課題

・挿入タブから「表」を選択し 3 行× 5 列の表を作成しなさい。

・次頁のような家庭調査票を作成しなさい。

家庭環境調査

<table>
<tr><td rowspan="4">児童</td><td>ふりがな</td><td></td><td>性　別</td><td>生　年　月　日</td></tr>
<tr><td>氏　　名</td><td></td><td>男　女</td><td>平成　　年　　月　　日</td></tr>
<tr><td>本籍地</td><td colspan="3"></td></tr>
<tr><td>現住所</td><td colspan="2">酒田市</td><td>電話　自宅</td></tr>
<tr><td rowspan="4">父</td><td>ふりがな</td><td></td><td>職　　業</td><td rowspan="4">◆緊急時第１連絡先
TEL
誰に，どこ
(　　　　　　　　)</td></tr>
<tr><td>氏　　名</td><td></td><td></td></tr>
<tr><td>勤務　事業所名</td><td></td><td rowspan="2">電話</td></tr>
<tr><td>勤務　所 在 地</td><td></td></tr>
<tr><td rowspan="4">母</td><td>ふりがな</td><td></td><td>職　　業</td><td rowspan="4">◆緊急時第２連絡先
TEL
誰に，どこ
(　　　　　　　　)</td></tr>
<tr><td>氏　　名</td><td></td><td></td></tr>
<tr><td>勤務　事業所名</td><td></td><td rowspan="2">電話</td></tr>
<tr><td>勤務　所 在 地</td><td></td></tr>
<tr><td colspan="2">入学前の経歴</td><td colspan="3">(　　　　　　　)○
(　　年　　月 ～　　年　　月まで)</td></tr>
<tr><td colspan="2">通学方法</td><td colspan="3">徒歩・自転車・バス・電車・保護者による送迎・その他（　　　　　　）</td></tr>
<tr><td colspan="2">欠席したときに連絡を頼める友人</td><td colspan="3">年　　組　　名前</td></tr>
</table>

連絡欄

身体面・健康面・集団生活面等について，学校が知っておいた方がいい実情についてお書きください。

第5章　文書作成の応用

この章では，文書作成の応用として，文字の装飾やイラスト・図形の挿入の仕方などについて学習する。

5.1　文字の装飾

Wordには，文字を装飾するための様々な機能がある。文字を装飾することで，読み手の印象に残る文書を作成することが可能である。作成の仕方をよく理解して使えるようにしたい。

(1) フォントの色を変更する　文字（フォント）の色を変更すると，その文字列は他の文字列よりも強調することができる。フォントの色を変更する場合，変更したい文字列を選択して「ホー

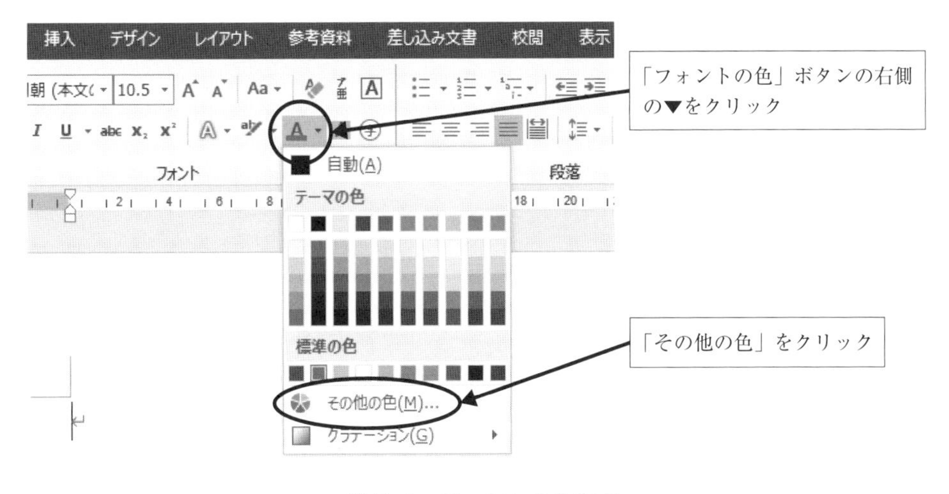

図5-1　フォントの色変更

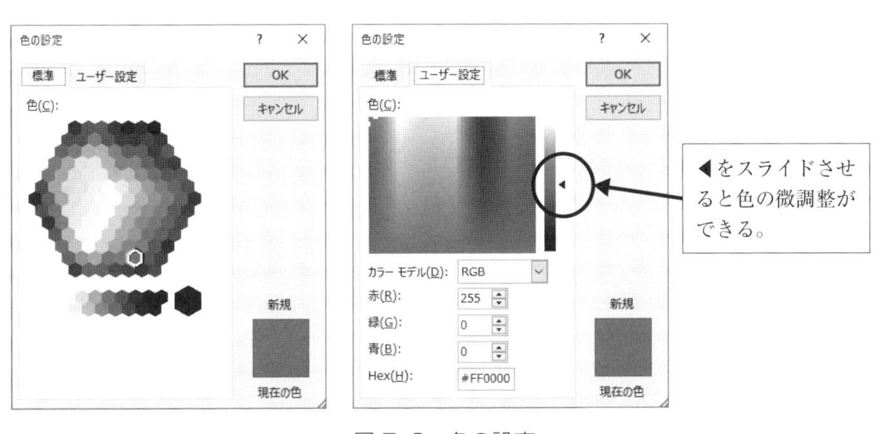

図5-2　色の設定

ム」タブの「フォントの色」ボタンの▼をクリックし,「その他の色」をクリックする（図5-1)。「色の設定」ダイアログボックスが表示されるので,「標準」タブまたは「ユーザー設定」タブから任意の色を選択して「OK」をクリックする（図5-2)。

Word で指定できるフォントの色については,「テーマの色」「標準の色」「その他の色」に分けられる。その特徴は以下に挙げられるとおりである。

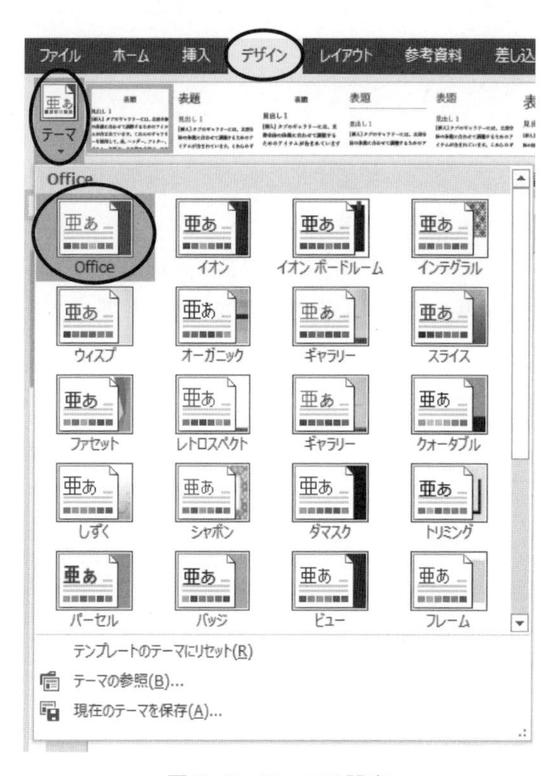

図 5-3　テーマの設定

①テーマの色　Word 文書には必ず1つのテーマが適用されている。テーマとは，色，フォント，オブジェクト効果がまとめられたデザインのセットのことである。テーマを変更すれると文書全体のデザインを変更することができる。テーマは「デザイン」タブ―「テーマ▼」から変更できる（図5-3)。なお，各テーマは配色パターン（使える色の一覧）を持っている。例えば，明るい感じの色やPOP な感じの色などといった感じである。これらテーマの色は,「フォントの色」や「塗りつぶしの色」で利用できる。色の変更方法としては,「デザイン」タブ―「配色▼」をクリックし，配色パターンをクリックする（テーマの変更ではないため色以外［フォント等］は変わらない)。

②標準の色　固定の色。テーマとは非連動で変えられず，用意されている色の数は10色しかない。

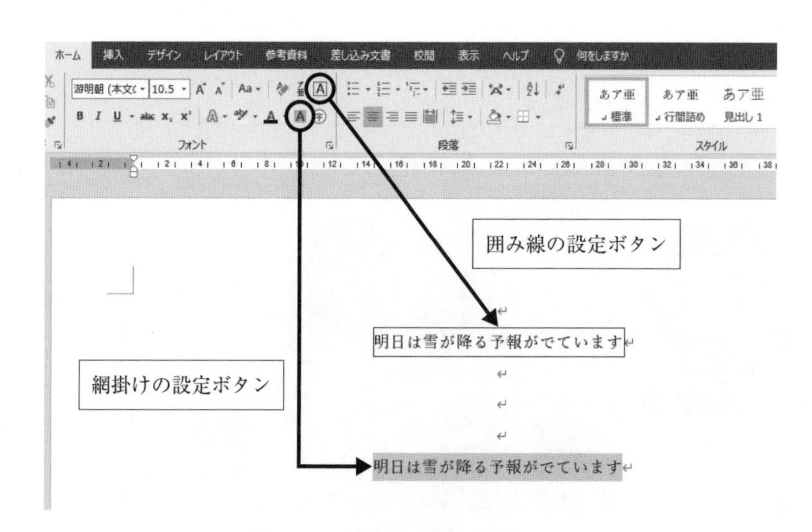

図 5-4　囲み線と網かけの設定

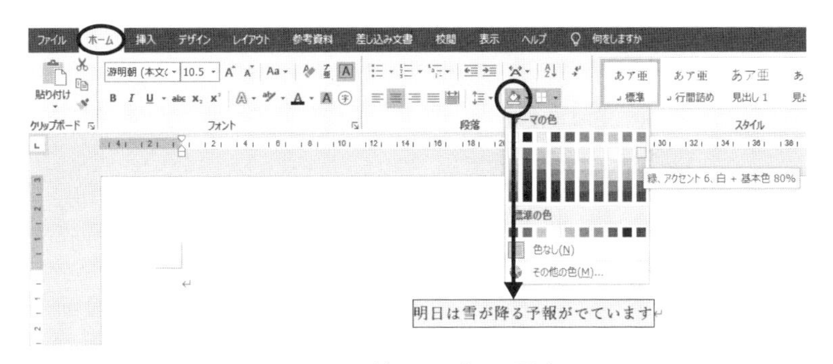

図 5-5　塗りつぶしの設定

③**その他の色**　　自由に色を選べるが，別ダイアログボックスでの設定が必要。

(2) 囲み線と網かけの設定　　囲み線を設定すると，文字列の周囲を線で囲むことができる。また，網かけを設定すると，文字列の背景に薄い灰色の網かけを設定することができる（図 5-4）。どちらも文書内の見出しや，強調したい箇所に使用する。

囲み線や網かけの解除する場合，解除したい範囲を選択し，もう一度「囲み線」ボタンあるいは「網かけ」ボタンをクリックする。ボタンで設定できるタイプの書式については，もう一度そのボタンをクリックすると解除できる。

網かけに色をつけたい場合，塗りつぶしという設定で行う（図 5-5）。これを使うと，カラーの網かけの設定ができる。塗りつぶしは「ホーム」タブの「塗りつぶし」ボタンで設定する。

(3) 下線の設定　　特定の文字列を強調したいときによく使用するものに下線がある。下線の設定では，横にある▼をプルダウンすると線の種類や色も指定することができる（図 5-6）。

(4) 文字の効果と体裁の設定　　文字の効果と体裁の設定を行うと，輪郭，影，光彩，反射など，一般の書式にはない表現ができる（図 5-7）。これらの効果を個別に設定することもできるが，

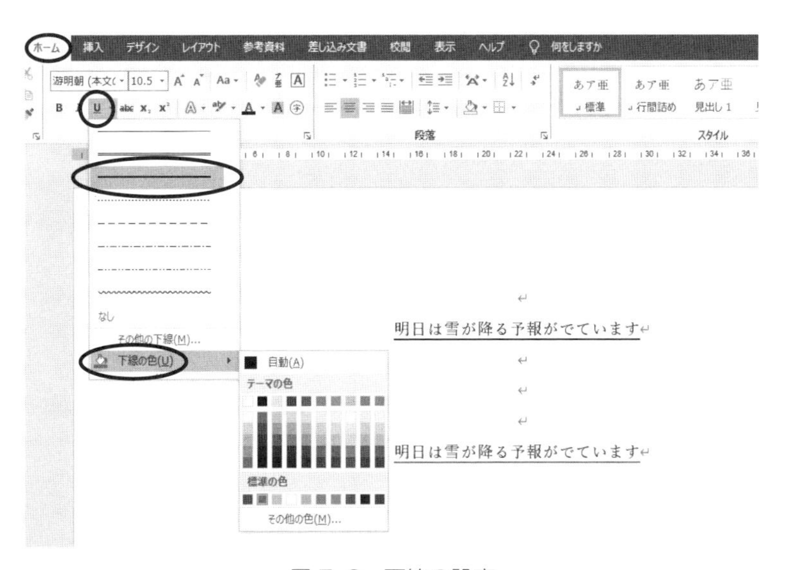

図 5-6　下線の設定

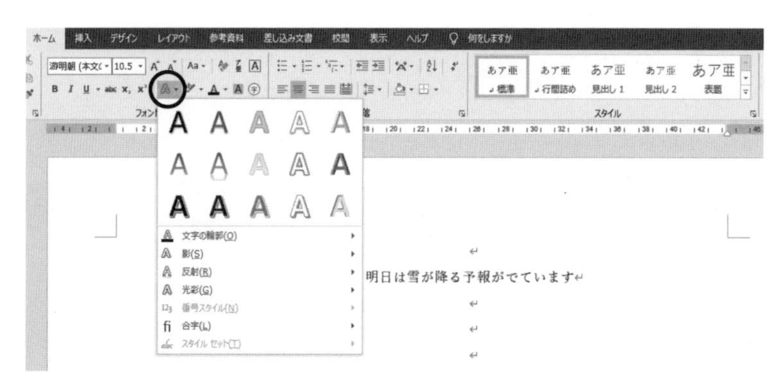

図 5-7　文字の効果と体裁の設定

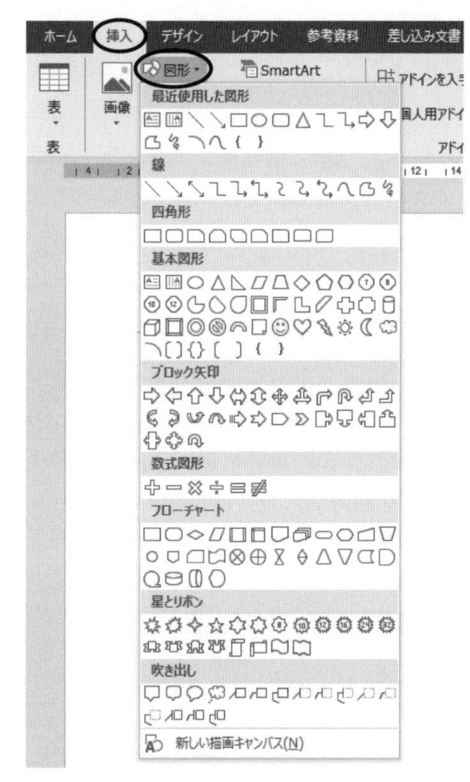

図 5-8　図形の挿入

はじめからいくつかの効果を組み合わせた**組み込みの効果**もあり，それらを使用すると手軽に文字の装飾ができる。

5.2　図形・画像（イラスト）の挿入

ここでは，文書に図形やイラストの挿入の仕方について説明する。図形やイラストを挿入することで，作成した文書の内容がより分かりやすくなったり，文字だけの情報に比べて読み手の印象を深めたりすることができる。

(1) 図形の挿入　　作成した文書に図形を挿入するには，「挿入」タブにある「図形」をクリックして一覧の中から目的の図形を選びクリックする(図 5-8)。

図形を挿入するとき，**ドラッグ**しないでクリックだけすると，選択した図形を描くことができる。また，描いた後に **Shift（シフト）キー**を押したままドラッグすると，比率を保ったまま拡大や縮小できる。さらに，**Ctrl（コントロール）キー**を押したままドラッグすると，中心を移動せずにサイズの変更ができる。

線の色を変えるには，まず変更する線を選択する。図形の線の色・太さの変更，塗りつぶしを行うには，まず変更する図形を選択する。なお，複数の図形を変更する場合は，1つの図形をクリックし，Ctrl キーを押しながら他の図形をクリックする。次に，［描画ツール/書式］タブの［図形のスタイル］グループを表示させる。線の色を変えるには，［図形の枠線］の横にある▼をクリックすると，色が表示されるので目的の色を選択する。太さを変えるには，同じ［図形の枠線］より［太さ］をポイントし，目的の線の太さをクリックする。図形を塗りつぶすには，［図形の塗りつぶし］の横にある▼をクリックし，目的の色をクリックする。なお，複数の線を変更する場合は，最

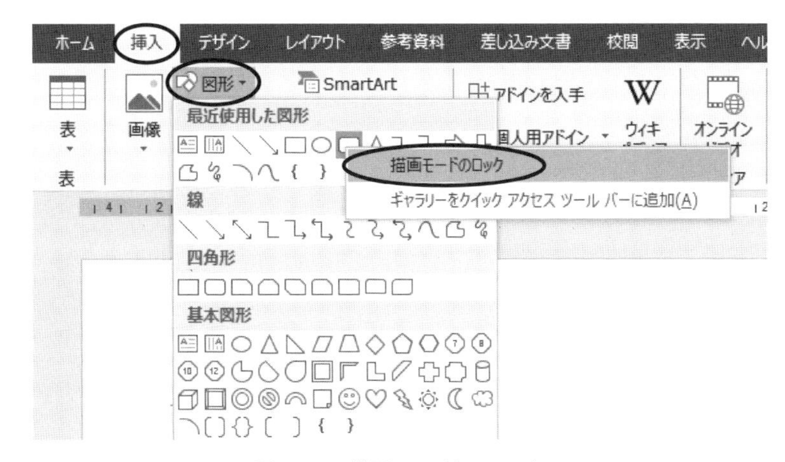

図 5-9　描画モードのロック

初の線をクリックし，Ctrl キーを押しながら他の線をクリックする。次に，［書式］タブで，［図形の枠線］の横にある矢印をクリックし，目的の色をクリックする。

（2）同じ図形を繰り返して挿入する　同じ図形を複数挿入したい場合，その図形を選択し，右クリックして「描画モードのロック」をクリックし，表示させたい場所でクリックすると図形が挿入される（図 5-9）。さらに別の場所で再びクリックすると同じ図形が挿入できる。

（3）画像（イラスト）の挿入　図形や枠の中に画像を挿入する場合，「書式」タブの「図形の塗りつぶし」の「図」から挿入する方法と，「図形の書式設定」から挿入する方法がある。

①「書式」タブの「図形の塗りつぶし」の「図」から挿入する方法（図 5-10）　挿入した図形を選択し，「書式」タブの「図形のスタイル」グループにある「図形の塗りつぶし」から「図」をクリックする。次に「図の挿入」が表示されるので，パソコン内や保存媒体に画像を保存している場合，「ファイルから」を選択し，「参照」をクリックして挿入する。

②「図形の書式設定」から画像を挿入する方法（図 5-11）　図形の上で右クリックする。**ショートカットメニュー**から「図形の書式設定」をクリッ

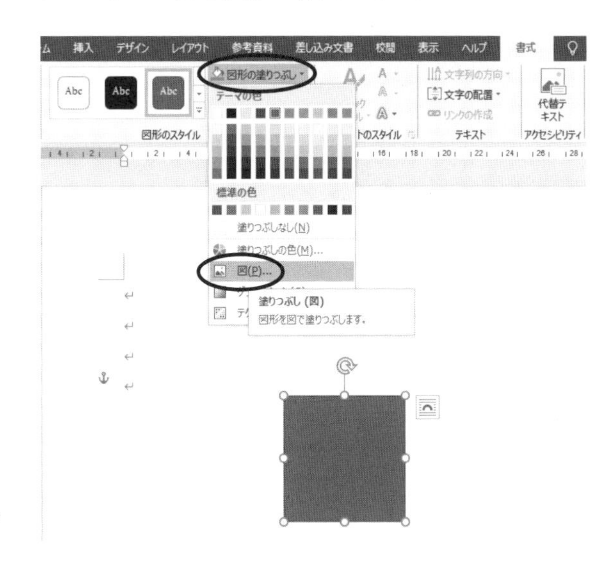

図 5-10　画像（イラスト）の挿入（1）

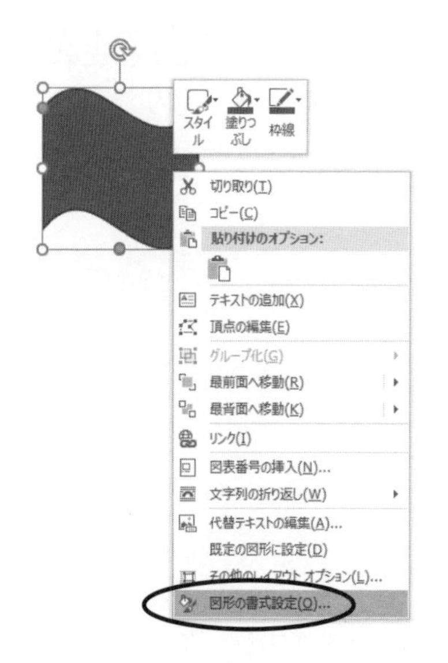

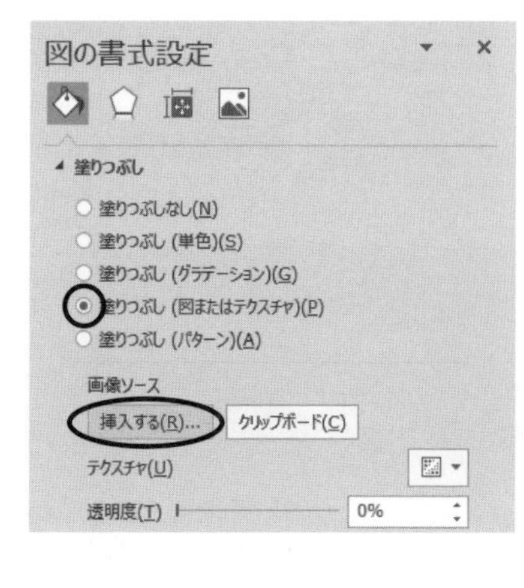

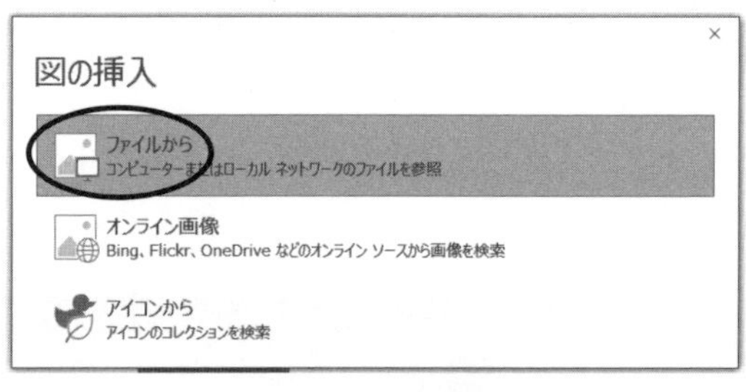

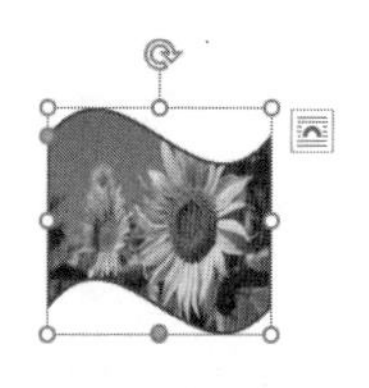

図 5-11　画像（イラスト）の挿入（2）

クする。次に「図形の書式設定」作業ウィンドウが表示されるので，「塗りつぶし」の「塗りつぶし（図またはテクスチャ）」を選択して，画像ソースを「挿入する」をクリックし,「ファイルから」をクリックし，画像ファイルを選択・挿入する。

（4）ワードアートの挿入　作成した文書のタイトルに**ワードアート**を利用すると，高いデザイン効果が得られる。まず「挿入」タブを開き，「テキスト」の「ワードアート」をクリックし，一覧からワードアートのスタイルを選択して文字を入力する。なお，挿入されたワードアートは，テキストの前面に配置される。そのため「描画ツール」の「書式」を選択し，「描画ツール / 書式」タブの「配置」グループの「文字列の折り返し」をクリックし，一覧から「行内」を選択するとワードアートが行内に配置される（図 5-12）。

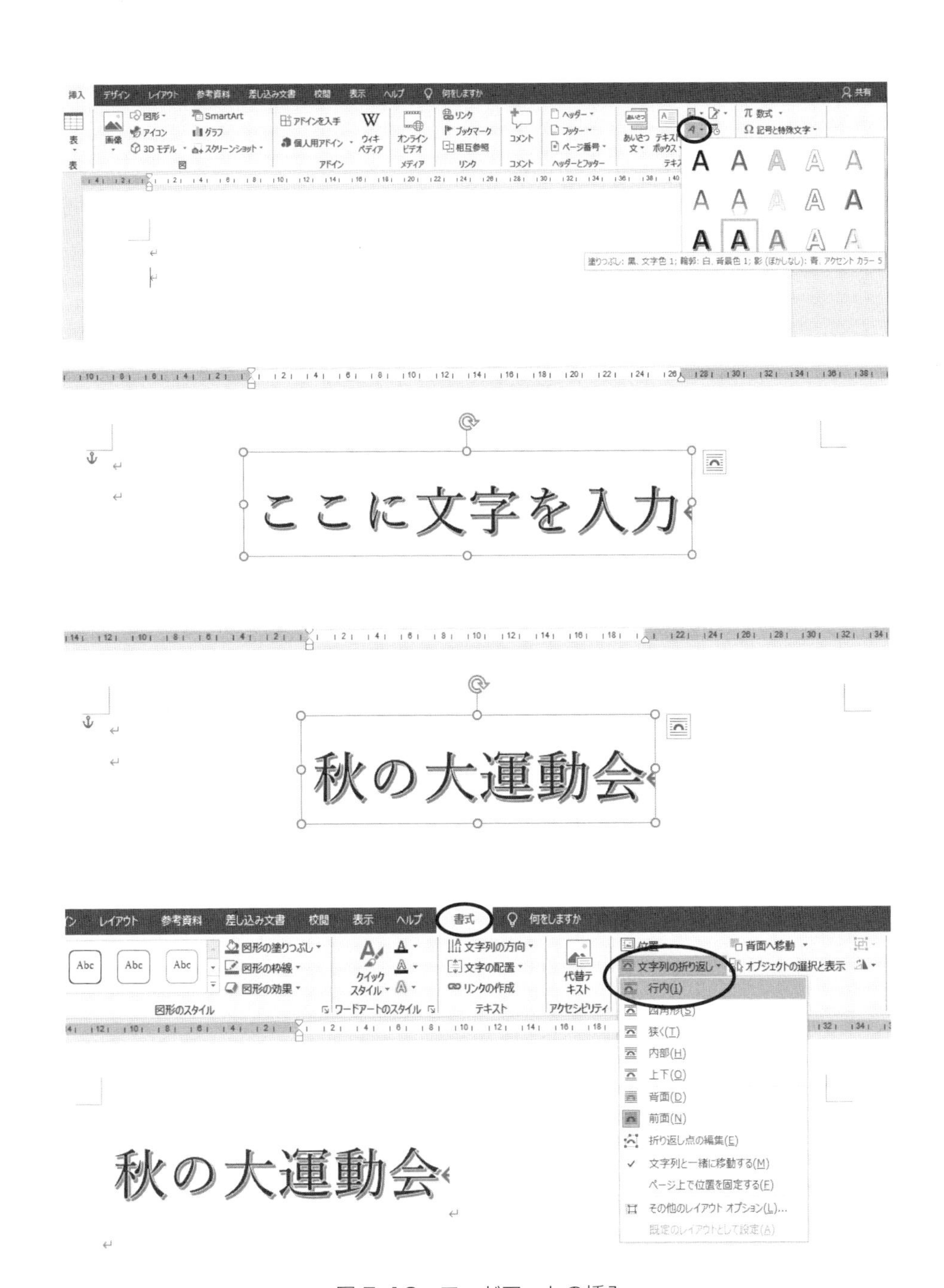

図 5-12　ワードアートの挿入

(5) ワードアートの変形　ワードアートを変形させる場合，まずワードアートを選択する。「図形の書式」から「ワードアートスタイル」の「文字の効果」をクリックする。次に「変形」の一覧から変形パターンを選択するとワードアートが変形される（図 5-13）。

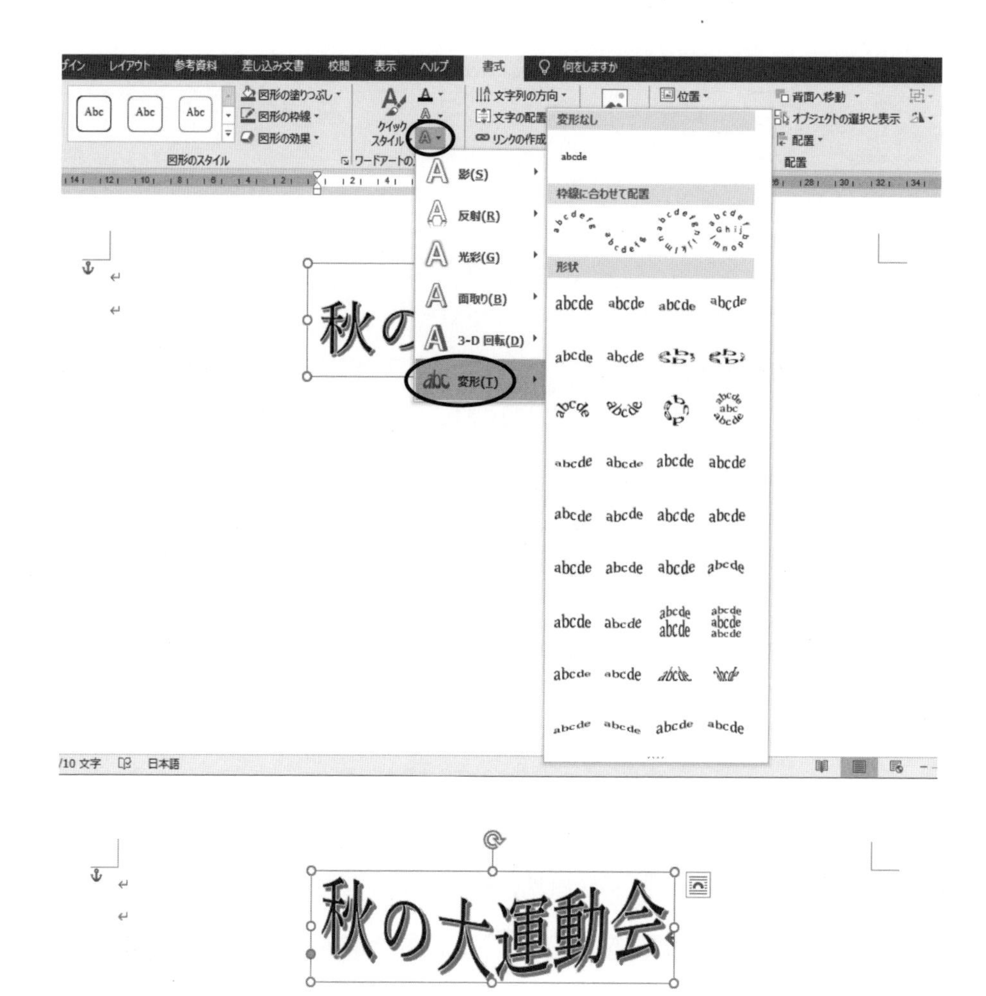

図 5-13　ワードアートの変形

5.3　学園祭の案内用文書の作成

文字の装飾や画像，やイラストの挿入を用いて文書の作成をしてみる。ここでは以下に挙げる文書作成のための基本設定にしたがって，学園祭の案内文書を実際に作ってみる。

【文書作成の基本設定】

①1ページの文字数は40字，行数は30行とする。字体はMS明朝10.5ポイントとする。

②文書のタイトルは「学園祭の案内」とし，ワードアートを使って文字の装飾をする。

③開催日は，1日目は令和○年9月10日（金），2日目は令和○年9月11日（金）とする。時間は各日午前10時00分から午後4時30分までとする。

④催事は，1日目には模擬店，バザー，カラオケ大会が実施される。2日目にはビンゴ大会，ブラスバンド発表，ダンス大会が実施される。

⑤会場は，○×大学　東京都杉並区大宮○－△－×　Tel. 03-3210-**** とする。
⑥その他，雨天時でも実施することと，公共交通機関を使って来場してもらいたい旨を記述する。
⑦学園祭の案内にふさわしい画像を挿入する。

作成例

学園祭の案内

毎年恒例の学園祭を下記のとおり実施いたします。どうぞ皆様ご家族，お友達とお誘いあわせの上，ご来場ください。

記

1　日　時　1日目　令和○年9月10日（木）
　　　　　　　　　午前10時00分～午後4時30分
　　　　　2日目　令和○年9月11日（金）
　　　　　　　　　午前10時00分～午後4時30分
2　催　事　1日目　模擬店，バザー，カラオケ大会
　　　　　2日目　ビンゴ大会，ブラスバンド発表　ダンス大会
3　会　場　○×大学
　　　　　東京都杉並区大宮○-△-×
　　　　　℡ 03-3210-****
4　その他　雨天決行　公共交通機関をお使いの上，ご来場ください。

5.4 章末課題

・第3章の章末問題で作成した「自己紹介」の標題をワードアートで書き換えなさい。

・挿入タブをクリックして画像を選択し，「オンライン画像」から検索して「キリン」の絵を挿入しなさい。

・図形を組み合わせて以下のような地図を作製しなさい。

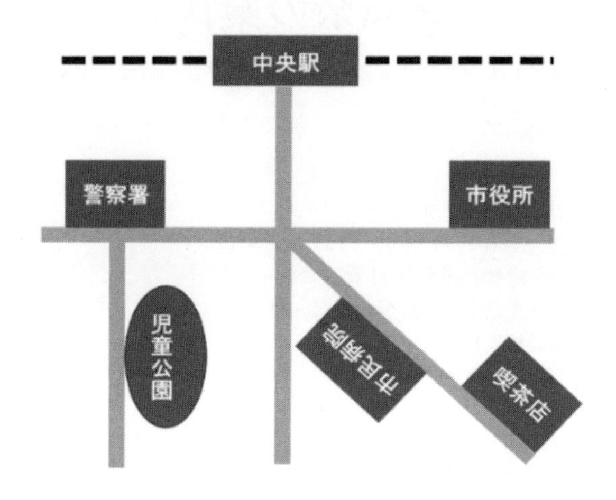

・5.3の「学園祭の案内」の文書を作成しなさい。

第6章　表作成の基礎

この章では，代表的な表計算ソフト Microsoft Excel 2019（以下 Excel）を使った基本的な操作方法と表作成の方法，その利用例について学習する。

6.1　Excel の起動方法と基本操作

(1) Excel とは　Excel（エクセル）は，マイクロソフト社が Windows，Mac 向けに開発・販売している表計算ソフトである。Excel では，表によるデータ整理，数式・関数による計算，グラフ作成，データの分析・加工といった様々なことができる。これまでは，紙の上にものさしなどを使用して描いていたグラフも Excel を使用することで簡単に作成することができる。現在，これまでは人の手で行われてきた作業が IT 化によって，コンピュータを用いた作業に取って代わられている。したがって，Word による文書作成だけでなく，本章以降に学ぶ Excel が使用できるようになることは必要不可欠である。

(2) Excel の起動方法　Excel は［スタート］ボタンで表示したスタートメニューから［Excel 2019］をクリックして起動させる。起動後は，図 6-1 のような画面が表示されるので，作成したい表やグラフに合わせて選択し，作業を開始する。使用目的などが明確でなければ［空白のブック］を選択するとよい。

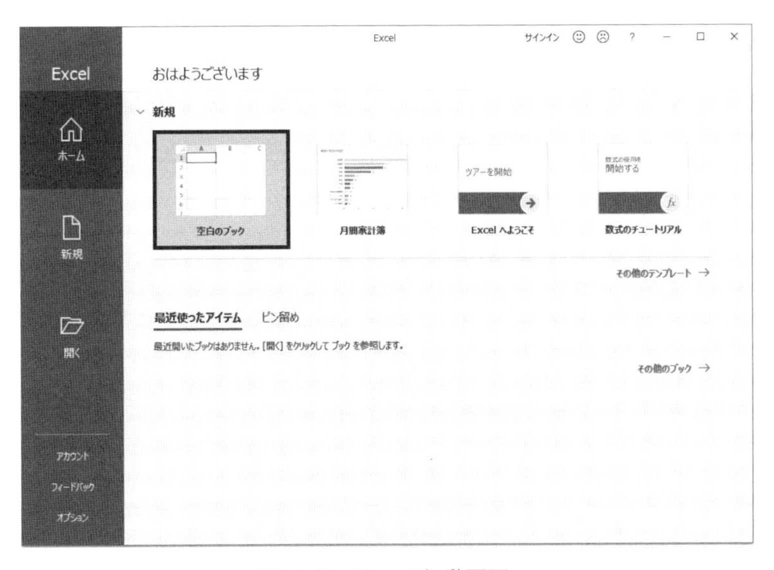

図 6-1　Excel 起動画面

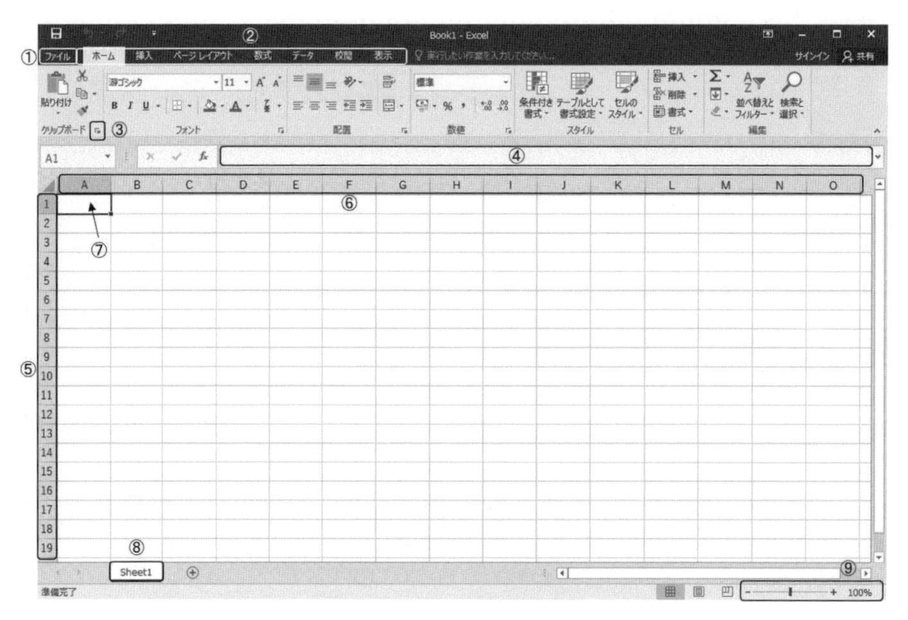

図 6-2　Excel 画面構成

(3) Excel の基本操作 1——Excel の画面構成　図 6-2 に Excel の画面構成を示す。画面上で特に知っておいてほしい要素について，列記する。

①［ファイル］タブ：ファイルを開く，保存する，印刷するなどの際に使用するタブ。

②タブ：［ファイル］タブだけでなく，ホームや挿入といったタブがある。

③ダイアログボックス起動：それぞれの項目に対して詳細な設定が必要な場合に使用する。

④数式バー：**アクティブセル**の入力内容が表示される。セル内に直接入力が可能だが，この数式バーでも入力が可能である。

⑤行番号：**行**に対して数字で番号が割り当てられる。

⑥列番号：**列**に対してアルファベットで割り当てられる。Z 列までいくと，次の列は AA 列に順次アルファベットが繰り上がる。

⑦アクティブセル：現在選択されているセル。**オートフィル**を使う時は，この状態にしておく。

⑧シート見出し：ワークシートの見出しでダブルクリックをすると，名前を変更できる。また隣の⊕ボタンでワークシートを追加できる。

⑨ズーム設定：ワークシートの表示倍率を変更できる。

(4) Excel の基本操作 2——Excel の基礎知識　Excel では，「表によるデータ整理」，「数式，関数による計算」，「グラフの作成」，「データ分析」などを行うことができる。この節では，Excel に関する基礎事項について学ぶ。

Excel において，データが入るマスを**セル**，現在選択されているセルをアクティブセルといい，太い枠で囲まれて表示される（図 6-2，⑦）。セルは縦と横に二次元的に配列している。セルの横方向の同じ並びを行といい，上から 1，2，……のように行番号が付いている（図 6-2，⑤）。同様に，セルの縦方向の同じ並びを列といい，左から A，B，……のように列番号が付いている（図 6-2，⑥）。

一般に，各セルには**セル番地**が付けられており，セル番地は，行番号と列番号で表される。例えば，10 行 K 列目のセルは K10 と表記される。

図 6-2 のようにセルが二次元的に配列した 1 枚の表を**ワークシート**またはシートという。新規に開いた Excel ファイルには 1 枚のワークシートだけだが，Excel 画面下部の⊕ボタンでワークシートを追加することができる（図 6-2，⑧）。これら作成したワークシートを一つのファイルとして保存した場合，そのファイルをブックという。

（5）Excel の基本操作 3――ブックの保存・開く・終了　ブックを保存するには，［ファイル］タブ（図 6-2，①）を開き，画面左のメニューから［名前を付けて保存］を選び，保存先を指定し，ファイル名を付けて保存する。Excel でのファイルの拡張子は「xlsx」となる。

保存したブックを開く場合は，一度 Excel を起動させた後，［ファイル］タブの［開く］タブの中から保存したブックの保存先を選び，［開く］をクリックすればよい。または，保存先の Excel ファイルをダブルクリックして開くこともできる。

ブックを終了する場合は，Excel 画面右上の×をクリックする。ただし，保存していない場合は，変更内容を保存するかどうかを尋ねられるので，指示に従って終了する。

（6）Excel の基本操作 4――データの入力・変更・消去　データの入力は，入力したいセルを選択し，キーボードから数値や文字列を入力する。

データの変更は，変更したいセルを選択し，新しいデータを入力する。ただし，入力を確定することによって以前のデータは消えてしまうことに注意する。

データの消去は，消去したいセルを選択し，［Delete］キーもしくは［BackSpace］キーを入力する。［Delete］キーの場合は，データの消去，［BackSpace］キーの場合は，データの消去に加え，セル内に入力できる状態になる。

（7）Excel の基本操作 5――データの移動・コピー・オートフィル　データのコピーは，コピーしたいセルを選択し，マウス右クリックで［コピー］を選択し，貼り付けるセルを選択し，マウス右クリックで［貼り付け］を選択する。もしくは，キーボードのショートカットキーを使う方法もある。その場合は，コピーしたいセルを選択し，［Ctrl］+［C］でコピーし，貼り付けるセルを選択し，［Ctrl］+［V］で貼り付ける。

データの移動は，コピーではなく，切り取りを使用する。移動させたいセルを選択し，マウス右クリックで［切り取り］を選択し，移動先のセルを選択し，マウス右クリックで［貼り付け］を選択する。もしくは，キーボードのショートカットキーを使う場合は，移動させたいセルを選択し，［Ctrl］+［X］でコピーし，移動先のセルを選択し，［Ctrl］+［V］で貼り付ける。

Excel には，オートフィルという機能がある。オートフィルは，複数のセルに一度でコピーさせる，連続する数値や文字列を入力する操作が簡単にできる。まず，任意のセルにデータを入力し，そのセルをアクティブセルにする。この時，アクティブセルの右下に■（フィルハンドルという）が現れ，これにマウスのポインタを合わせると＋になるので，その状態でドラッグをすれば，ドラッグした方向のセルにオートフィルが適用される。例として，図 6-3 のような場合を考える。セル番地 A1 にデータ「0」が入力されている。このセルを図 6-3（a）のようにアクティブセルにした状態で，右下のフィルハンドルにマウスのポインタを合わせ，＋になってから 11 行までドラッグす

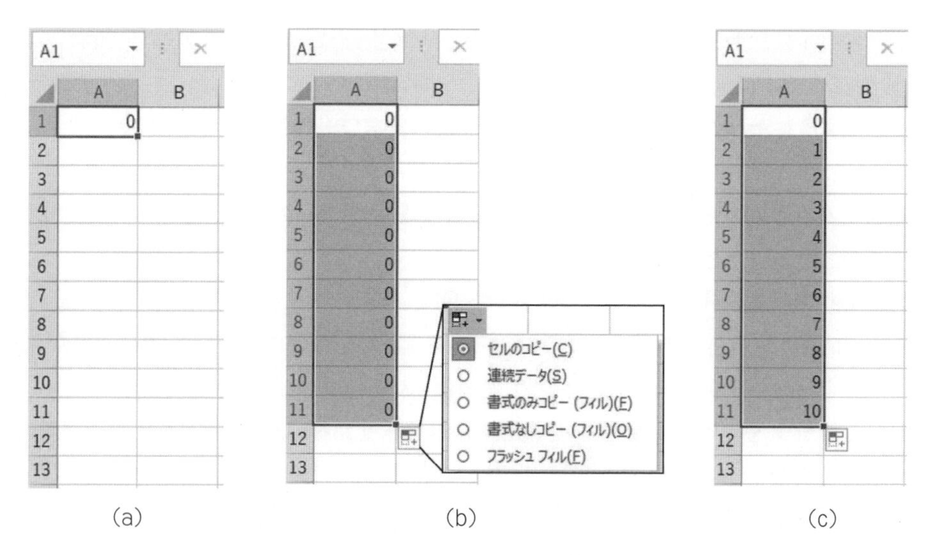

図 6-3　オートフィル使用例

ると，A2 から A11 番地までデータ「0」がコピーされる。この時，データ「0」から連続した値として入力したい場合は，ドラッグ後の右下にオプションが表示される（図 6-3（b））ので，そこで，連続データを選択するとデータが連続値として図 6-3（c）のように表示される。

6.2　表の作成方法

（1）セル内の表示形式　通常セル内に入力したデータは，数字であれば数値データとして，仮名やアルファベット等は文字列として認識される。何も設定していなければ，数値は右詰めで表示され，文字列は左詰めで表示される。その他にも，通貨，会計，日付，時刻，指数，分数といった様々な表示形式を選択できる。具体的には，表示形式を設定したいセルを選択し，右クリック後，［セルの書式設定］を選択すればよい。

（2）見やすい表の作成――実例を通して　図 6-4 に 3 種類の表を示す。これらの表を見比べたとき，どの表が見やすいだろうか。あるいは，どの表を作りたいと思うだろうか。図 6-4（a）は，初期状態のままのレイアウト設定でデータを入力した場合，図 6-4（b）は，図 6-4（a）の入力データの各セルに罫線を引いた場合，図 6-4（c）は，書式，セルの大きさ，配置等を変更した場合である。見やすい表を作成するためには，作成者本人だけでなく，客観的に見やすいと判断される必要がある。図 6-4（a）は，セル内にデータを入力しただけであり，印刷をすると，グレーで表示されている線は表示されない。したがって，表ではなく，ただデータを列記しただけとなっている。一方，図 6-4（b）は，罫線を引いているため，表にはなっているが，文字列は左詰め，数字は右詰めになっていること，一番上の「科目」という語句がその下の「数学」の列に入っているため，「国語」や「英語」は「科目」ではないのかという疑問が生じることが懸念される。以上より，表として最も見やすいのは，図 6-4（c）である。図 6-4（c）は表の中が見やすいレイアウトになっており，文字・数字の大きさも変更してある。

ここで，図 6-4（c）のようなグラフを作成するために必要な機能を紹介する。

	科目		
氏名	国語	数学	英語
葵	80	90	70
空	70	80	90
和	80	80	80
華	60	100	80
章	80	81	82

(a)

	科目		
氏名	国語	数学	英語
葵	80	90	70
空	70	80	90
和	80	80	80
華	60	100	80
章	80	81	82

(b)

	科目		
氏名	国語	数学	英語
葵	80	90	70
空	70	80	90
和	80	80	80
華	60	100	80
章	80	81	82

(c)

図 6-4　学生の試験成績の表

①セル中のデータの配置　セル中のデータは通常，文字列は左詰め，数字は右詰めで配置される。これらの配置を変更するときは，［ホーム］タブの［配置］のところにある6つのボタンをクリックすればよい（図6-5）。図6-4（c）の場合は，すべてのセルで［中央揃え］かつ［中央詰め］を設定している。

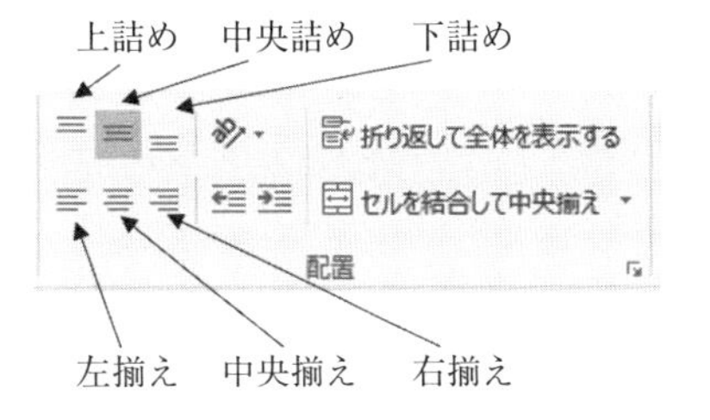

図 6-5　セル内の配置変更方法

②セルの結合　複数のセルを一つのセルにしたい場合，図6-5の右側にある［セルを結合して中央揃え］を選択すればよい。具体的には，一つにしたい複数のセルをドラッグした状態で，［セルを結合して中央揃え］を選択する。［セルを結合して中央揃え］が選択されているセルの時，［セルを結合して中央揃え］の部分がグレーで表示されるので，もう一度選択すると［セルを結合して中央揃え］が解除される。

6.3　Mika Type の打数表の作成

（1）Mika Type のデータ収集　本書では，**タイピング**の練習素材として Mika Type を使用している。具体的には第2章で Mika Type をダウンロードする方法，使用方法等について記述している。本節では，Mika Type の打数履歴を表にすることで，毎回の Mika Type での打数を記入し，タイピングの成果を可視化するための資料を作成する。講義中に Mika Type でタイピングを行った場合は，忘れずに打鍵数を記録しておいてほしい。

（2）Mika Type の打数表の作成　図6-6に示すような Mika Type の打数表を作成してみよう。作成する際の条件は以下の通りとする。

〈作成条件〉

・日本語のフォントは［MS ゴシック］，英字のフォントは［Arial］とする。

・すべてのセル内のデータは［中央揃え］，［中央詰

Mika Type　打数表			
日にち	打鍵数［回/分］		備考
	目標値	測定値	

図 6-6　Mika Type 打数表

め］とする。

・行の高さはすべて 25 とする。

・列の幅は，備考のみ 25，それ以外は 10 とする。

・罫線は図 6-6 に準じて引く。

・シート名は「Mika Type打数表」とし，保存するファイル名は「Mika_Type_打数表」とする。

（3）Mika Type 打数表の完成　（2）で作成した Mika Type 打数表の空欄部を埋めて打数表を完成させせよう。完成した打数表を見て，自身のタイピング技術が時系列でどのように変化しているかを考えてみよう。

6.4　自宅学習時間管理表の作成

（1）自宅学習時間管理表作成の意義　前節では講義中に実施されているタイピングの記録を表にすることで，自身のタイピング技術の推移を把握することとした。次に，自身の自宅学習管理表を作成してみよう。自宅学習は，自主性と計画性が必要であり，日々継続するためには，自分自

自宅学習時間管理表								
		月曜日	火曜日	水曜日	木曜日	金曜日	土曜日	日曜日
科目名 [　　　　]	予習							
	復習							
	自学自習							
学習時間（時間）								
科目名 [　　　　]	予習							
	復習							
	自学自習							
学習時間（時間）								
科目名 [　　　　]	予習							
	復習							
	自学自習							
学習時間（時間）								
科目名 [　　　　]	予習							
	復習							
	自学自習							
学習時間（時間）								
科目名 [　　　　]	予習							
	復習							
	自学自習							
学習時間（時間）								
科目名 [　　　　]	予習							
	復習							
	自学自習							
学習時間（時間）								

図 6-7　自宅学習時間管理表の例

身でスケジュール管理をする必要がある。そこで，これまでのExcelを使った表作成のまとめとして，自宅学習時間管理表を本節では作成することを目標とする。

(2) 自宅学習時間管理表の作成　図6-7に自宅学習時間管理表の例を示す。この例は，科目名を自由に記入できるようにしてあることと，学習内容を記述するのではなく，学習時間を記録するようにしてある。学習時間を記録するようにしたのは，時間数だと視覚的に学習時間の過不足が認識しやすいことと，次の章で学ぶグラフ化につながるように工夫していることが挙げられる。

したがって，まずは図6-7を参考に，自宅学習時間管理表を作成してみよう。もし，自分なりのアイデアがある場合は，積極的に自作してもらって構わない。ただし，先にも述べたように，学習時間を記録する表というところは守って作成しよう。

6.5 章末課題

・Excelを起動し，白紙のシートを「表作成の基礎」というファイル名で新規保存しなさい。
・以下の表（図6-8）を作成しなさい。ただし，日本語のフォントは「MSゴシック」の11pt，アルファベットと数字のフォントは「Century」の11ptとする。
・1，2，3行の高さをそれぞれ20，40，60に変更しなさい。
・A，B，C列の幅をそれぞれ10，20，30に変更しなさい。

	A	B	C	D	E	F
1		小テスト成績（10点満点）				
2	学生	国語	数学	理科	社会	英語
3	A	8	8	8	8	8
4	B	10	5	7	7	6
5	C	9	10	5	6	6
6	D	6	8	10	6	10
7						
8						

図6-8　章末問題

第7章　グラフ作成の基礎

この章では，前章で学んだExcelについて，さらにグラフ作成の方法，その利用例について学習する。

7.1　グラフの種類

(1) グラフとは　Excelでは表作成のほかにグラフ描画機能がある。グラフとは，表に記載されたデータを視覚的に表示する手法であり，表を眺めるだけではわからない情報をグラフ化することで得られることも少なくない。しかし，グラフ作成で重要な点は，データの特徴を適切に表現できるグラフを選択することにある。そこで，本節ではグラフにはどのような種類があり，どのようなデータに対して使用されるのかについて学んでもらいたい。

(2) グラフの種類　作成可能な主なグラフとその特徴を列記する。

a. 棒グラフ　［集合棒グラフ］，［積み上げ棒グラフ］，［100％積み上げ棒グラフ］が主に用いられる。作成例として，図7-1にそれぞれの棒グラフを示す。

①**集合棒グラフ**　データの数値を棒の長さで表したもの。項目間を比較する際に用いられる。図7-1（a）のように，ある学校の部員数を部活ごとに比較する場合などに用いるとよい。

②**積み上げ棒グラフ**　複数の棒グラフを積み上げたグラフで，データの合計が棒の長さとなる。ある項目に対して複数のデータがある場合に用いられる。図7-1（b）のように，各部活に対して各学年の人数を示す場合などに用いるとよい。

③ **100％積み上げ棒グラフ**　積み上げ棒グラフを割合で表したグラフ。図7-1（c）のように，各部活に占める学年の割合を示す場合などに用いるとよい。

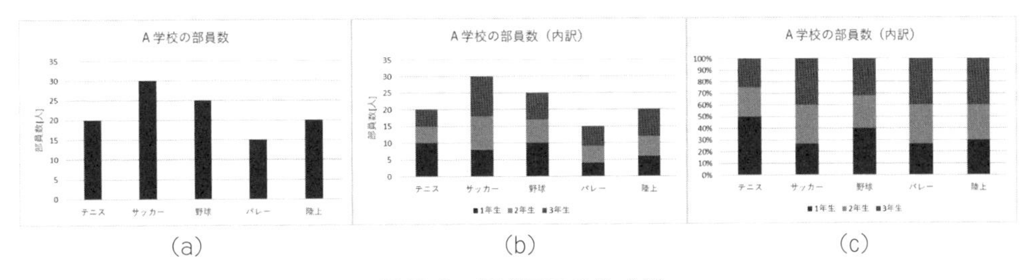

図7-1　棒グラフの作成例

b-1. 円グラフ　100％を表す円に対して，内訳の比率を表した円。ある一つの問題に対する各項目の割合を示す場合に用いる。図7-2（a）のようにある学校の部員数の内訳を示す場合などに用いるとよい。

b-2. ドーナツグラフ　複数の円グラフを1つのグラフで表示したい場合はドーナツグラフを用いる。図7-2（b）のように，部員の割合を学年ごとに表示させる場合などに用いるとよい。

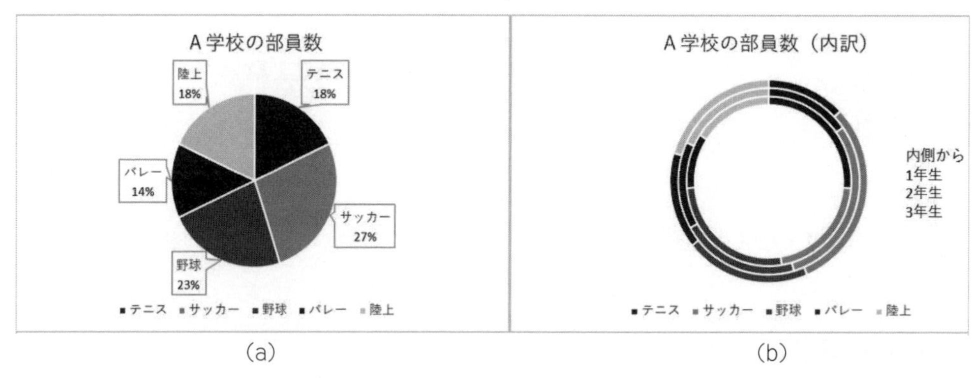

(a)　　　　　　(b)

図 7-2　円グラフ・ドーナツグラフの作成例

c. 折れ線グラフ　あるデータを時系列で表示する場合に用いられる。図 7-3 のように，気温を月ごとに表示させ，その推移を見たい場合などに用いるとよい。

d. 散布図　2つのデータの間にどのような関係があるかを表す際に用いられる。図 7-4 のような，身長と体重の間にどのような関係があるかを調べる場合などに用いるとよい。

e. レーダーチャート　中心から放射状に伸ばした点を線で結んでできるグラフ。図 7-5 のように，平均点に対して自分がどれだけ点数をとれているかを視覚化したい場合などに用いるとよい。

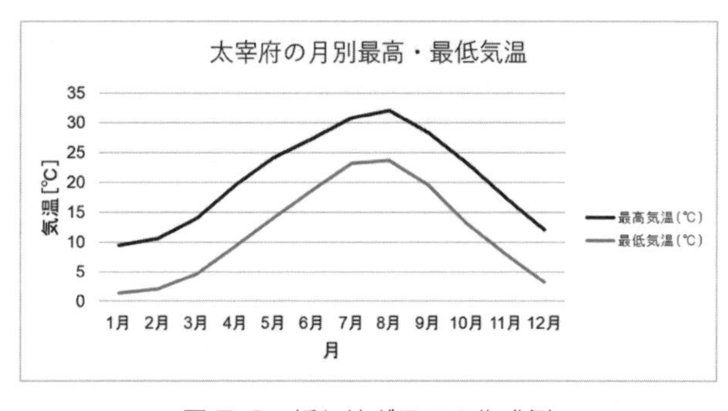

図 7-3　折れ線グラフの作成例

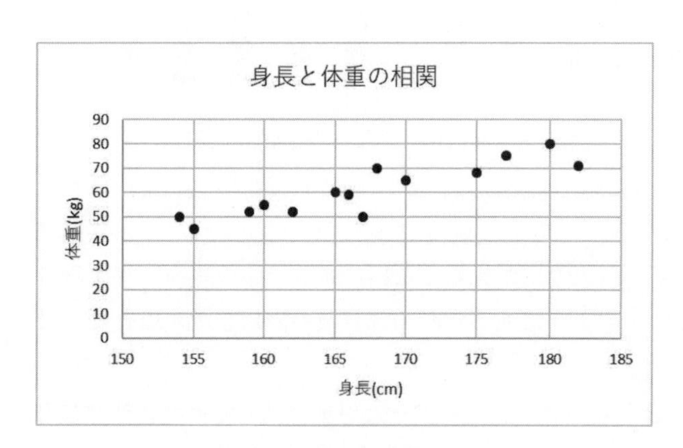

図 7-4　散布図の作成例

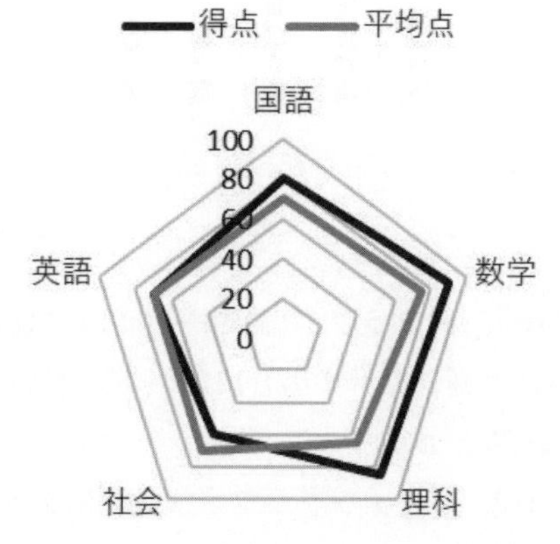

図 7-5　レーダーチャートの作成例

7.2　グラフの作成方法

(1) グラフの構成要素　図 7-6 にグラフの構成要素を示す。画面上で特に知っておいてほしい要素について，列記する。

①**グラフタイトル**　グラフの表題。簡潔にわかりやすく書くとよい。

②**目盛線**　グラフを見やすくするために使う補助線。補助目盛線もあり，さらに細かく線を引くことができる。

③**データ要素**　グラフのデータを表す。グラフの種類によって棒，円，折れ線などがある。

④**データラベル**　データの値を表す。グラフに表のデータを入れたい場合に用いられる。

⑤**横軸**　横軸のデータを表す。図 7-6 では文字列だが，数字となる場合もある。

⑥**横軸ラベル**　横軸のラベルを表す。どのような値かを明示する。単位が必要な場合は忘れずに記入すること。

⑦**凡例**　データ系列の名称を表す。必要に応じて設置する場所を変更できる。

⑧**縦軸**　縦軸のデータを表す。

⑨**縦軸ラベル**　縦軸のラベルを表す。どのような値かを明示する。単位が必要な場合は忘れずに記入すること。

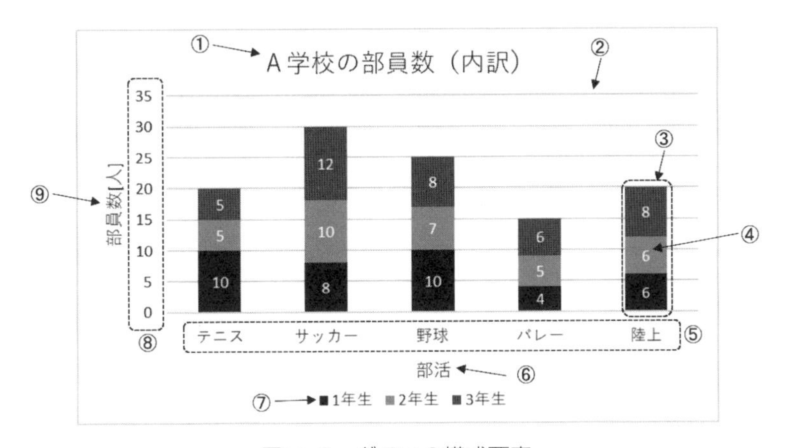

図 7-6　グラフの構成要素

(2) 見やすいグラフの作成――実例を通して　図 7-7 に，ある年の福岡県太宰府市の月別最高・最低気温のデータをまとめた表（図 7-7 (a)）およびそれをグラフ化した図（図 7-7 (b)）を示す。

まずは，第 6 章の復習を兼ねて，図 7-7 (a) の表を作成してみよう。作成できたら，そのまま折れ線グラフを作成する。まず，表のタイトル「太宰府の月別最高・最低気温」と書かれたセルの下から 12 月のデータまで，マウスでドラッグし，選択する。選択後，［挿入］タブからグラフの［折れ線 / 面グラフの挿入］を選び，［折れ線］を選択する。すると，シート内に図 7-8 上段のような折れ線グラフが作成される。このグラフを図 7-7 (b) のようにするには，グラフタイトルの変更，縦・横軸ラベルの追加，凡例のレイアウト変更を行う必要がある。まず，グラフタイトルは，グラフ内のグラフタイトルの部分をクリックし「太宰府の月別最高・最低気温」と入力する。次に，

太宰府の月別最高・最低気温		
月	最高気温(℃)	最低気温(℃)
1月	9.4	1.4
2月	10.6	2
3月	14	4.7
4月	19.6	9.3
5月	24.1	14
6月	27.3	18.7
7月	30.8	23.2
8月	32.1	23.7
9月	28.3	19.6
10月	23.2	13.1
11月	17.4	8
12月	12	3.3

(a)

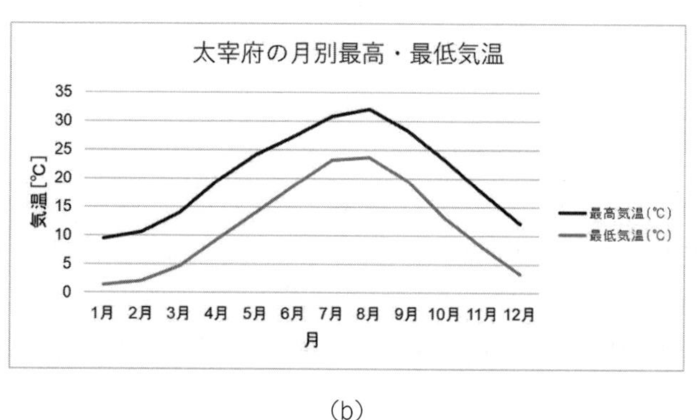

(b)

図 7-7　グラフ作成の練習

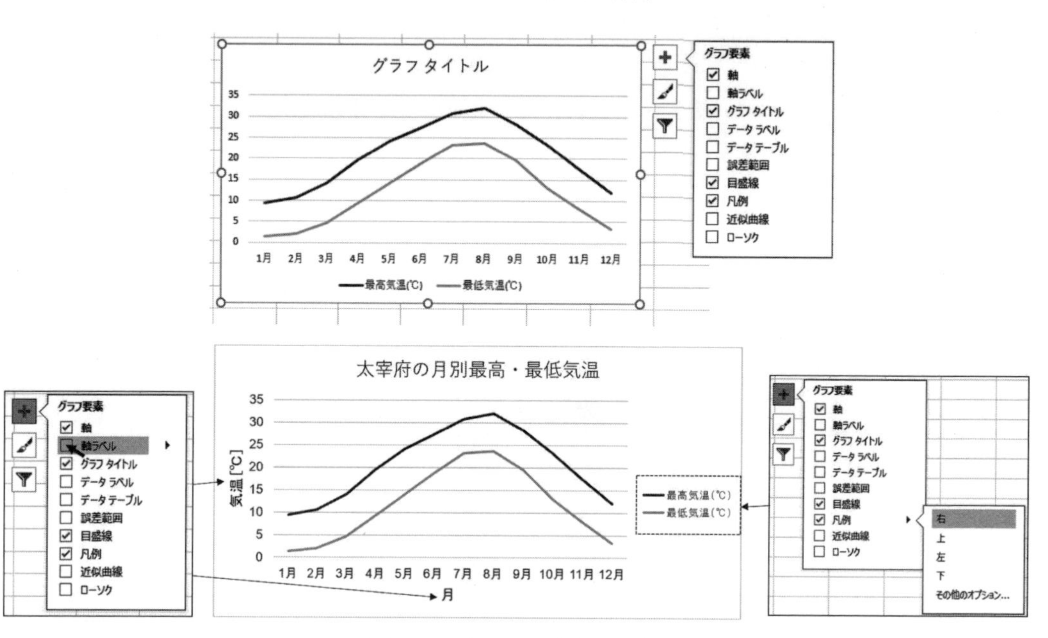

図 7-8　グラフの選択と編集

縦・横軸ラベルの追加は，図 7-8 上段の右側のようにグラフ右部に表示された＋をクリックすると出てくるグラフ要素の軸ラベルにチェックを入れる。するとそれぞれの軸にラベルが出るので，そこをクリックし，縦軸ラベルには「気温（℃）」，横軸ラベルには「月」と入力すればよい（図 7-8 下段）。また，凡例のレイアウトはグラフ右部に表示された＋をクリックすると出てくるグラフ要素の凡例にカーソルを合わせ，さらに出てきたタブの［右］をクリックすればレイアウト位置を下から右へ変更できる（図 7-8 下段）。その他には，フォントサイズやフォントの変更等を行うことで，さらに見やすいグラフが出来上がる。各自，工夫してみてほしい。

7.3　Mika Type の打数グラフの作成

（1）Mika Type の打数表の完成　第 6 章で Mika Type の打数表を作成した。この打数表に個人のデータを入力し，打数表を完成させよう。

(2) Mika Typeの打数グラフの作成　完成したMika Typeの打数表から，打数グラフを作成してみよう。作成する際の条件は以下の通りとする。また，各自見やすいようにフォントの大きさ，レイアウト等を工夫してみよう。

〈作成条件〉

・日本語のフォントは［MSゴシック］，英字のフォントは［Arial］とする。

・グラフの種類は折れ線グラフとする。

・目標値と測定値の2本のグラフを作成する。

・凡例はグラフの右側に配置する。

・グラフタイトルは「Mika Type打数グラフ」とする。

7.4 自宅学習時間管理グラフの作成

(1) 自宅学習時間管理表の完成　前節同様に，自身の自宅学習の状況をまとめた表を完成させよう。完成させた表をもとに，自身の自宅学習がどのように行われているかを可視化し，今後の学習計画に反映させていこう。

(2) 自宅学習時間管理グラフの作成　図6-7を参考に自宅学習時間管理表を作成した場合について記述する。予習・復習・自学自習の合計を学習時間として記入していると思うので，ここでは，各科目の学習時間の一週間の推移をグラフにしてみよう。グラフは図7-9のように作成し，グラフの種類や細かな設定は各自で工夫して作成すること。

(3) 自宅学習時間管理グラフの考察　自宅学習時間管理表からグラフが作成できたら，そのグラフを見て，自身の学習態度について考えてみよう。どのような傾向があるか，科目間で偏りはないか，何か改善点はないか，といった点について意見をまとめてみよう。また，グラフ作成の点から，教員や友人にアドバイスを受けてみよう。他人からのアドバイスは今後のグラフ作成の際の良いアドバイスとなることが多い。積極的に取り入れよう。

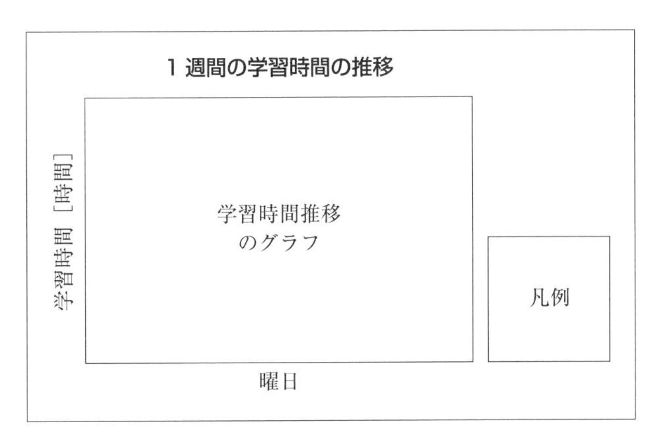

図7-9　自宅学習時間管理グラフ作成例

7.5 章末課題

・棒グラフの種類を３つ挙げ，それぞれどのような時に作成するか説明しなさい。

・円グラフはどのような時に作成するか説明しなさい。

・折れ線グラフはどのような時に作成するか説明しなさい。

・散布図はどのような時に作成するか説明しなさい。

・レーダーチャートはどのような時に作成するか説明しなさい。

第8章 表計算の応用

この章では，6，7章で学んだExcelについて，数式や関数について学習する。

8.1 計算の基礎

（1）計算の基礎　Excelでは単に，数値データを入力し，それをグラフ化するだけにとどまらず，得られたデータを利用した計算やあらかじめExcelに入っている**関数**という機能を使うことができる。まず，計算機能や関数機能を説明する前に，計算方法について述べる。中学数学で学んだように，Excelでも四則計算の順序が適用される。すなわち，加算・減算よりも乗算・除算が優先される。また，べき乗の計算はそれらよりも優先される。したがって，これらをまとめると計算において，優先順位の高い順に，

べき乗　>　乗算・除算　>　加算・減算

となる。ここで，乗算と除算，加算と減算は同じ順位で計算されることに注意しておく必要がある。

（2）算術演算子　紙上で計算する時には，加算を「＋」，減算を「－」，乗算を「×」，除算を「÷」と書いて式を書いていたように，Excel上でも計算を表す算術演算子という演算子が用いられる。この演算子は，プログラミングで記述する際に使用する算術演算子と同じである。以下の表8-1に主な算術演算子をまとめる。

表8-1　算術演算子

	べき乗	加算	減算	乗算	除算
算術演算子	^	+	-	*	/

（3）数式の入力1　セルに数式を入力することで，そのセルはその数式を自動的に計算するようになっている。数式は，「＝」で入力を開始する。数式の入力は（2）の算術演算子と数字もしくはセル番地，括弧（　）を組み合わせて行う。図8-1にセルに数式を入力した例を示す。図8-1（a），（b）は同じ数式で，「6+4」の部分に括弧が付いているかいないかの違いである。実際に入力して確かめてもらいたいが，

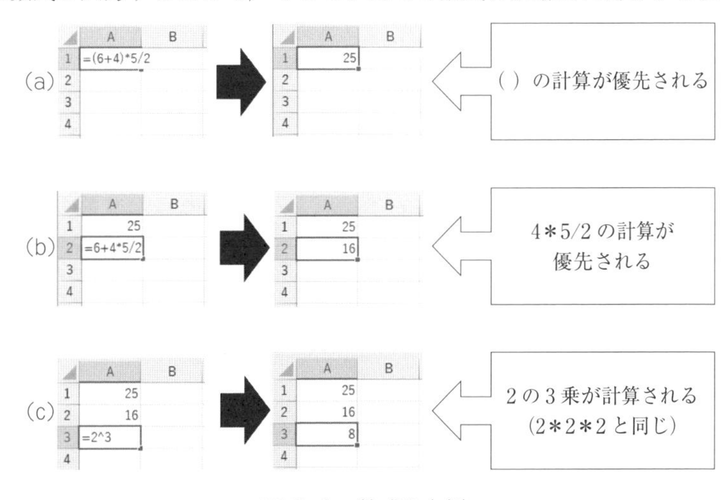

図8-1　数式入力例

括弧が付いていれば，括弧を優先的に計算するため，図 8-1 (a) は括弧から計算されている。一方，図 8-1 (b) は括弧がないため，乗算と除算が優先され，計算されている。このように，入力される式が同じであっても括弧の有無によって計算結果が異なる場合もあるので，数式の入力は注意を払う必要がある。次に，図 8-1 (c) は，プログラミング等で入力した経験がない人のために，べき乗の入力例を示している。「2の3乗」と入力したい場合は「=2^3」と入力すればよい。また，「√(ルート)」の計算をさせたい場合，べき乗で考えると「2分の1乗」であるから，例えば「√4」を計算させたい時，「=4^(1/2)」と入力すればよい。

(4) 数式の入力 2　(3) では数式として，数値をそのまま算術演算子等とつなげて記述した。Excel では，すでにセル内に数値データが入力されている場合，そのセルを使って数式を作ることができるので，その方法を説明する。例として台形の面積を求めてみよう。台形の面積は「(上底＋下底)×高さ÷2」で求めることができる。図 8-2 のように上底，下底，高さを入力するセルを用意し，例として A2 に上底「4」，B2 に下底「10」，C2 に高さ「5」と入力する。そして，D2 に台形の面積を求める数式を入力するのだが，その時，図 8-2 のように台形の面積を「=(A2+B2)*C2/2」と入力してみよう。すると，D2 のセルは，A2，B2，C2 に入力されたデータを使用して計算されていることがわかる。このように，数式にセル番地を使用してそのセルに入力されているデータを参照することをセル参照という。また，セル参照を用いて数式を入力したセルをダブルクリックすると，セル番地の色と数式中のセル番地の文字の色が同じになっていることが確認できる。これは，入力したセル番地の情報と数式を対応させるのに役立つ。このような機能をカラーリファレンスという。

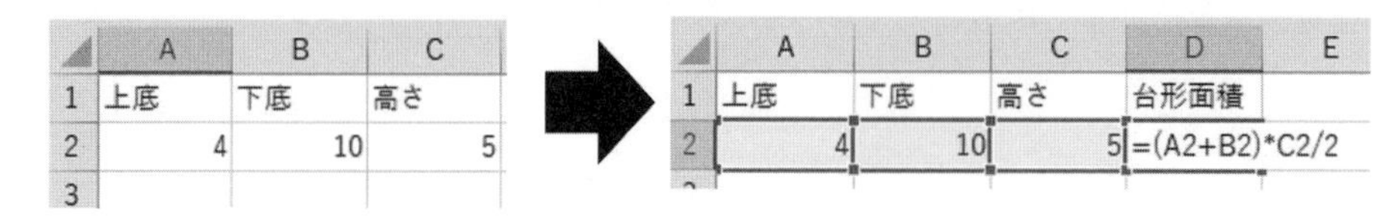

図 8-2　セル番地を用いた数式入力例

(5) 関数の基礎　Excel には計算，条件判断，データ探索といった複雑な処理を自動化させた機能として関数がある。関数名は，あらかじめ決まっているため，自身で決めることはできない。関数には，処理するためにデータが必要であり，そのデータのことを引数（ひきすう）という。一般的に関数は，

関数名（引数 1，引数 2，……）

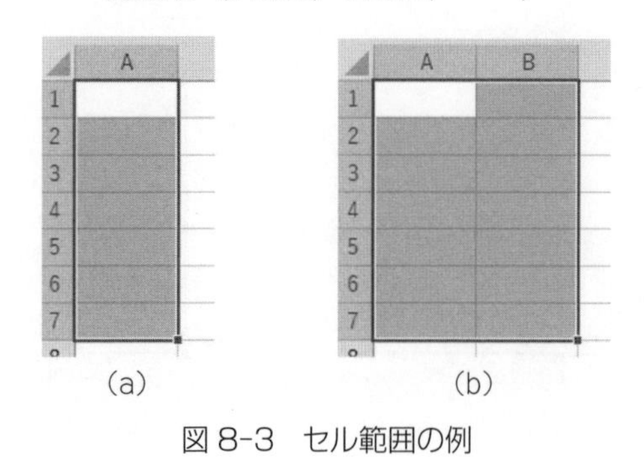

図 8-3　セル範囲の例

のように記述される。関数の種類によって必要となる引数の数や順序などは異なる。引数には，数値や文字列のような値そのもの以外に，セル番地や複数のセル番地をまとめて参照するセル範囲も指定することができる。セル範囲の書き方は

開始セル番地：最終セル番地

のように記述する。実際にセルに直接入力することも可能だが，一般的にはセルをドラッグして選択するこ

とが多い。図8-3にセル範囲をドラッグして選択した例を示す。(a) の場合は，A1からA7までを選択しているので，セル範囲は「A1:A7」となる。(b) のように二次元的にセルを選択した場合，セル範囲はどのように記述すればよいかというと，ドラッグする始点と終点のセル番地を記述すればよい。したがって，A1からB7まで選択している場合は，セル範囲は「A1:B7」となる。

(6) 関数の書き方——具体例を通じて　この節では，具体的な関数を使用して，関数の書き方について学習する。入力した数値データについてその合計を計算する**SUM関数**を例にとってみよう。SUM関数の場合，前節の一般的な関数の表記方法に従うと，

SUM（引数1，引数2，……）

という形になる。SUMは数値データを合計する関数であるため，引数は数値データとなる。したがって，

SUM（数値1，数値2，……）

という書き方ができる。そこで，具体的な例で実践してみよう。各自白紙のブックを開き，A1，B1，C1にそれぞれ数値データ「2」を入力する。この3つの数字の合計を求めるSUM関数を作成してみよう。まず，上記の書き方をそのまま適用する方法がある。すなわち，A3に

＝SUM（2, 2, 2）

と入力してみよう。この書き方であれば，「2と2と2の合計」ということになり，入力したセルには「6」という値が返ってくる。しかし，この書き方では，3つの数字が「2」の場合にしか適用できない。より汎用性を持たせて記述することで，後の作業の効率化にもつながるため，セル番地を用いた記述をおすすめする。この場合は，書き方が2通りあり，

＝SUM（A1, B1, C1）

＝SUM（A1:C1）

のどちらでもよい。ただし，セルをドラッグして指定できる後者の方が，今後，関数を使用していく上では便利である。ただし，数式の記述と同様，セルのはじめに「＝」を入力するのを忘れないようにしなければならない。

次に，関数の入力方法について追記する。これまでは，関数をセルに直接入力する方法を示してきた。関数の入力には，関数の挿入という機能もある。まず，入力するセルを選択し，「数式」タブの関数ライブラリの中から使用したい関数を選択し，関数に処理させるデータが入ったセル番地を引数として選択すればよい。例えば，前述のSUM関数を例にとってみよう。図8-4のように，まずA1，B1，C1にそれぞれ数値データ「2」を入力しておく。A2にSUM関数を挿入するために，A2をアクティブセルにしておき，「数式」タブの一番左にある「関数の挿入」を選択する。すると，図8-4の左下のようなダイアログボックスが出てくる。このダイアログボックスでは，挿入したい関数を選択できる。SUM関数は，合計を計算する関数であるから，「関数の分類」中の「数学/三角」を選択し，その下のリストの中からSUMを選んで「OK」をクリックする。すると，図8-4の右下のようなダイアログボックスが出てくるので，数値1の右側（丸で囲んだ部分）をクリックし，A1からC1までをドラッグして選択すると，SUM関数の括弧の中のセル範囲が確定し，図8-4の右下のダイアログボックス中のようになるので，「OK」を選択すれば，A2の中にSUM関数で求めた数値「6」が表示される。この一連の作業を通じて，気づいたかもしれないが，「数式」タブの関

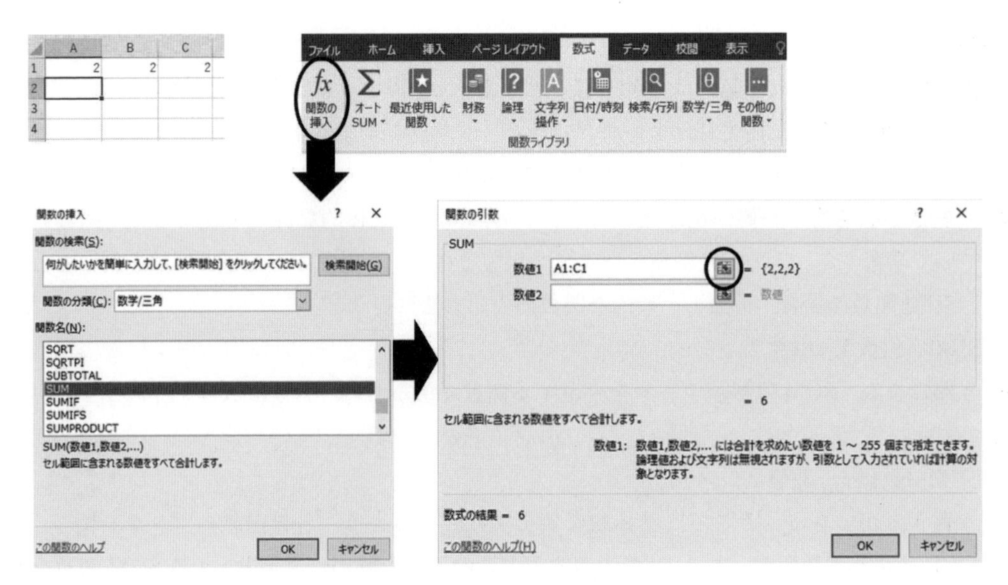

図 8-4　SUM 関数の挿入例

数ライブラリに先ほど，「関数の挿入」のダイアログボックス中で選択した「関数の分類」と同じ事項がある。したがって，わざわざ，「関数の挿入」から入力する必要はなく，関数ライブラリから「数学/三角」を選択しても同様に関数を入力することができる。

(7) よく使用する関数　これまでSUM関数を例に関数の記述方法について学習してきたが，

表 8-2

関数名	書式	記載例
SUM	SUM（数値 1，数値 2，…）	SUM（A1:A3） セル A1，A2，A3 の合計を求める
AVERAGE	AVERAGE（数値 1，数値 2，…）	AVERAGE（A1:A3） セル A1，A2，A3 の平均を求める
MAX	MAX（数値 1，数値 2，…）	MAX（A1:A3） セル A1，A2，A3 の最大値を求める
MIN	MIN（数値 1，数値 2，…）	MIN（A1:A3） セル A1，A2，A3 の最小値を求める
COUNT	COUNT（値 1，値 2，…）	COUNT（A1:A3） セル A1，A2，A3 で数値データの入ったセルの個数を求める
COUNTA	COUNTA（値 1，値 2，…）	COUNTA（A1:A3） セル A1，A2，A3 で空白以外のセルの個数を求める
IF	IF（論理式，真の時，偽の時）	IF（A1>60，"合格"，"不合格"） セル A1 の値が 60 より大きい場合，「合格」，小さい場合，「不合格」と表示する
COUNTIF	COUNTIF（範囲，検索条件）	COUNTIF（A1:A3，>=60） セル A1，A2，A3 で 60 以上の個数を求める

他にも様々な関数が存在する。そこで，ここでは比較的使用頻度の高い関数についてまとめておくことにする。

(8) Excel の関数について　(7) でよく使用する関数を紹介したが，それ以外にも数多くの関数が存在する。すべての関数を紹介することはできないが，図 8-5 のような「数式」タブ内にある関数ライブラリの各関数群について説明する。自身が必要とする関数を見つける時の参考にしてほしい。

①財務　貯蓄や借入の利息計算，資産の減価償却費を求める関数といった金利計算や資産評価に関する関数群

②論理　IF 関数をはじめとした条件判定用の論理式に関する関数群

③文字列操作　文字列の一部取り出し・置換・連結といった処理を行う関数や，全角と半角，大文字と小文字を変換する関数など，文字列に関する関数群

④日付／時刻　現在の日付や時刻を得る関数など，日時に関する関数群

⑤検索／行列　セル範囲・配列・セル参照の位置などを調べる，データの行と列を入れ替えるといった機能を集めた関数群

⑥数学／三角　四則演算などの基本的な計算，行列や階乗の計算，三角関数や指数関数の計算など数学に関する計算を集めた関数群

⑦その他の関数　統計，エンジニアリング，キューブ，情報，Web といった関数群がある。

- 統計：データの平均値，最大値・最小値などを求める関数，分散や標準偏差を求める関数といった統計に関する計算を集めた関数群
- エンジニアリング：数値の単位変換，ビット演算や複素数の計算，ベッセル関数値を求める関数といった工学系の特殊な計算を集めた関数群
- キューブ：外部のデータ等から特定のデータ・データ構造，集計値などを取得するための関数群
- 情報：セルに対して空白やエラー値，文字列，数値，数式かどうかを調べる，セルやシートについての情報を得るための関数群
- Web：Web から目的の数値や文字列を取り出すことができる関数群

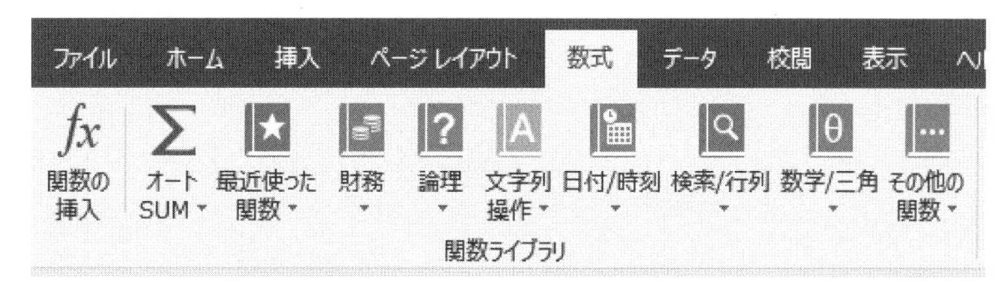

図 8-5　Excel の関数ライブラリ

8.2　セルの参照

(1) セル参照　数式や関数でセル番地を使って入力データを指定することをセル参照という。セル参照には，「相対参照」，「絶対参照」，「複合参照」がある。本節では，これらの参照方法の違

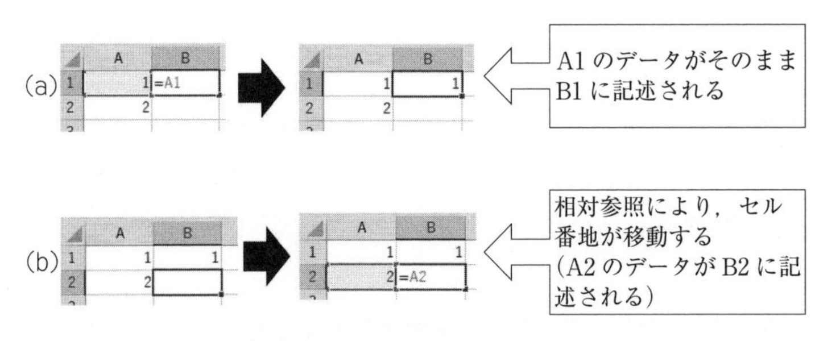

図 8-6　相対参照の例

いについて理解することを目標とする。

(2) 相対参照　相対参照とは，数式中にセル番地をそのまま記述することをいう。例として，図 8-6 のように A1，A2 にそれぞれ数値「1」，「2」を入力する。そして，B1 に「＝A1」と入力すると，B1 には A1 の入力データである「1」が表示される（図 8-6 (a)）。次に，B1 のセルをコピーし，B2 に貼り付けてみよう。すると，B2 のセルには，「＝A1」というセル内容がコピーされるはずだが，「＝A2」というデータになっていることが確認できる。このように，数式の中にセル番地をそのまま記述した場合，それを貼り付けたとき，コピー元のセルから移動した分だけ，位置が移動する。したがって，相対参照した場合，セルの数式中のセル番地を確認することを忘れないようにしたい。

(3) 絶対参照　絶対参照とは，行番号と列番号の両方を変えずにセル参照することをいう。相対参照は，コピーすると参照先が移動してしまうため，このようなことを避けるために用いられる。絶対参照は，行番号と列番号の前に「＄」を付けるだけでよい。図 8-7 に図 8-6 と同様のデータを A1 と A2 に入力する。次に，B1 には「＝A1」と入力すると，A1 のデータが表示される（図 8-7 (a)）。では，B2 に B1 セルの内容をコピーしてみよう。相対参照とどのような違いがあるかを確認してほしい。コピーした結果，B2 のセルには，B1 と同じデータが記述されていることがわかる。このように，絶対参照は，コピー先に元のセル番地を参照させたい場合に用いると便利である。

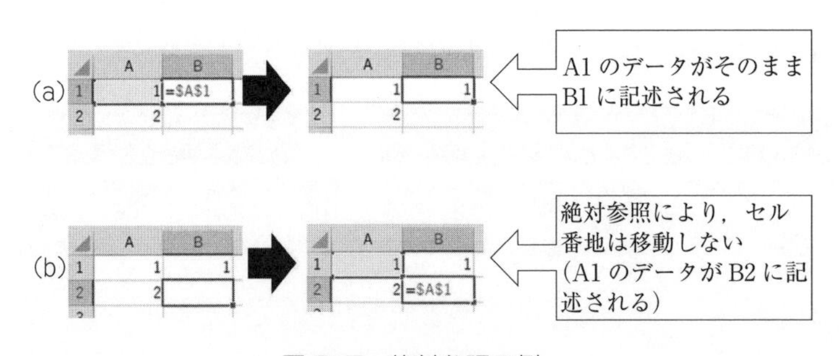

図 8-7　絶対参照の例

(4) 複合参照　複合参照とは，行番号または列番号のどちらか片方を固定する場合のセル参照のことである。固定したい方の前に「＄」を付けるだけでよい。相対参照は行番号，列番号ともに変化し，絶対参照は，行番号，列番号ともに変化しないのに対し，複合参照はその中間的な参照方法であると理解しておけばよい。

8.3 Mika Type の打数データの応用

(1) Mika Type の打数表を使った応用　第 6 章で Mika Type の打数表を作成した。この打数表に，本章で学んだ関数を使って，各自のデータを分析してみよう。具体的には，以下のデータを求めてみよう。

・任意のセルに打数の平均値を表示させる。
・任意のセルに打数の最大値を表示させる。
・任意のセルに打数の最小値を表示させる。
・打数表の「備考」の隣に打数の測定値が目標値よりも大きい場合は「○」，小さい場合は「×」と表示させる。
・任意のセルに上記の「○」の数を表示させる。

(2) 打数データの考察　(1) で求めたデータから，自身のタイピング技術について考察しよう。必要に応じて，自身でデータを足して，分析することで，より深い考察が可能となる。

8.4 自宅学習時間管理データの応用

(1) 自宅学習時間管理表を使った応用　前節同様に，自身の自宅学習の状況をまとめた表に関数を使って，各自のデータを分析してみよう。具体的には，以下のデータを求めてみよう。

・各科目の一週間の予習，復習，自学自習，学習時間の平均値，最大値，最小値を任意のセルに表示させる。
・任意のセルに各曜日の学習時間の合計を表示させる。
・任意のセルに平日の学習時間の平均と休日の学習時間の平均を表示させる。

(2) 自宅学習時間の考察　(1) で求めたデータから，自身の自宅学習時間について考察しよう。必要に応じて，自身でデータを足して，分析することで，より深い考察が可能となる。

8.5 章 末 課 題

・SUM 関数について説明しなさい。
・AVERAGE 関数について説明しなさい。
・MAX 関数について説明しなさい。
・MIN 関数について説明しなさい。
・COUNT 関数について説明しなさい。
・IF 関数について説明しなさい。
・相対参照と絶対参照の違いについて説明しなさい。

・Aさん，Bさん，Cさんの出席日数を表す以下の表をExcelで作成しなさい。また，それぞれの出席日数を計算し，7日以上には○印を，それ以外には×印を表示させるセルを作成しなさい。ただし，計算には関数を使用すること。

	1回目	2回目	3回目	4回目	5回目	6回目	7回目	8回目	9回目	10回目	出席日数	出席判定（○×）
Aさん	○	○	○	○	×	○	○	○	○	○		
Bさん	○	○	○	○	○	×	×	○	×	○		
Cさん	○	○	×	○	○	○	×	×	×	×		

第9章　レポート作成の基礎

この章では，レポート作成について学習する。

9.1　レポートの作成方法

(1) レポートとは　レポートとはいわゆる報告書を意味する。レポート作成に関しては，小学校から始まり，中学校，高校，そして大学まで絶えず指導を受けるものである，特に，このレポートがきちんと作成できることが社会人になった後でも必要不可欠な技能となる。レポートは感想文や作文とは異なり，きちんと書式や体裁が明示されているため，自由に作成できるものではない。したがって，早い段階からレポート作成に対する経験を深め，習熟しておくことが望ましい。ぜひとも，本章でレポート作成について学んでもらいたい。

(2) レポートの文体　レポートには感想文や作文で用いられる「です・ます」調の文体は使用せず，「だ・である」調の文体が使用される。また，レポートは報告書であるという観点から，主観的な文章ではなく，客観的な文章を心掛ける必要がある。したがって，「私」を主語にした文章は使用しないのが原則である。中には，グループ全体の考えや意見を述べる場合に「我々」などが用いられることもある。

(3) 表紙の作成　レポートは，まず1枚目に何に対するレポートなのかを明示するために表紙を作成する。表紙には，「タイトル」，「学生番号（クラス・出席番号）」，「氏名」，「提出日」の情報

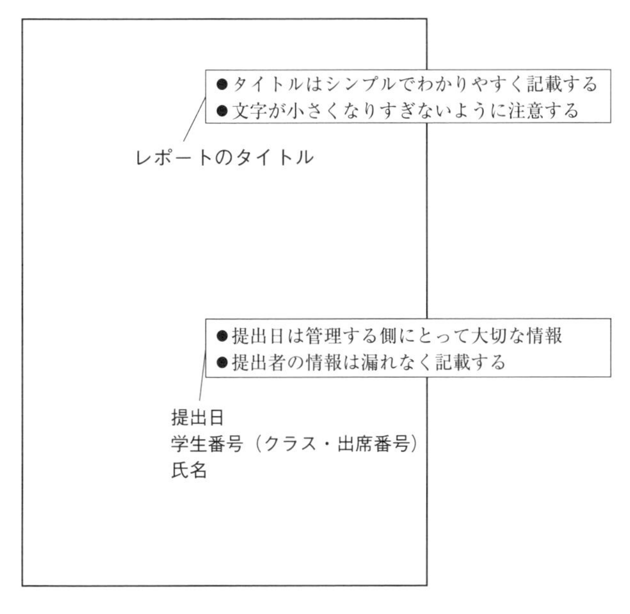

図 9-1　レポートの表紙例

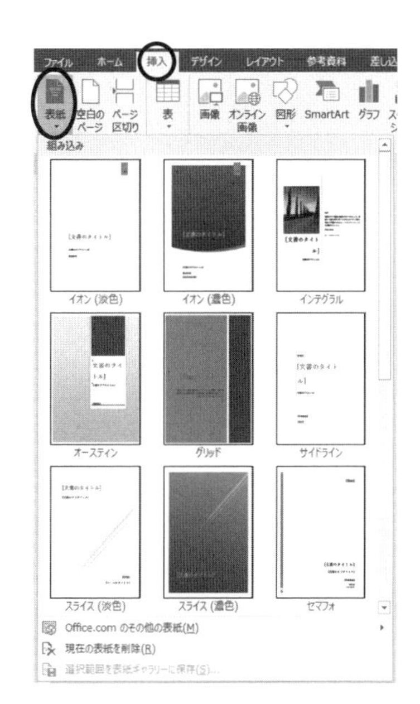

図 9-2　表紙作成ツール

が最低限必要である。表紙に記載する情報は，必ず必要なものすべてを含んでいなければならないので，注意して作成する。図 9-1 にレポートの表紙例を示す。表紙には必要な情報以外は記載せず，シンプルなものがよい。図 9-1 は Word を使って作成したものであるが，Word には表紙を複数の書式から選択して作成できる機能があるので紹介しておく。Word の「挿入」タブの左側にある「表紙」を選択すると，図 9-2 のように様々な表紙のデザインが表示されるので，必要なデザインを選択すると自動的にそのデザインの表紙が適用される。あとは，デザインのテンプレートにしたがって情報を入力していくだけでよい。

（4）レポートの構成　レポートは，構成に基づいて作成されているかが重要である。主要な構成は「序論」,「本論」,「結論」の 3 つである。以下に，それぞれについて概説する。

①序論　レポートの「はじめに」に該当する部分である。どのような主題（テーマ）を取り上げるのか，主題に関する問題は何か，どのようなことを明らかにする必要があるのか，などといった情報を記載する必要がある。

②本論　序論での問題提起を受けて，結論を導き出すための重要な部分である。調べたこと，実験データ，文献などの事実を述べながら，結論へ展開していく。読み手に疑問や反論が起こらないように理論の展開には十分注意しなければならない。

③結論　レポートの「まとめ」に該当する部分である。序論と本論の内容を簡潔にまとめた上で，結論を述べる。この時，序論で述べた問題提起に対する結論であることを確認しなければならない。

（5）レポートのレイアウト　レポートは「見出し」を付けて作成する場合がほとんどである。特に，まとまった文章をさらに細分化することで，見やすいレポートになる。例えば，本章は

第 9 章　レポート作成の基礎
　9.1　レポートの作成方法
　9.2　レポート作成上の注意
　9.3　Excel データの利用
　9.4　Mika Type の打数に関するレポート作成
　9.5　章末課題

というように，各見出しでどのような内容が記載されているかがわかりやすくなっている。見出しを付ける際は，短い言葉でわかりやすく記載することを心掛けるとよい。

（6）参考文献　レポートを作成する上で参考にした文献などはレポートの末尾に記載する必要がある。また，他の文献の文章をそのまま引用した場合，参考文献として記載していないと,「盗用」とみなされるので注意が必要である。参考文献として，著書，論文集，学術雑誌など多岐にわたるが，それぞれの書き方を以下にまとめておく。

①著書　著者［編者，訳者］（出版年）『書名』出版地：出版社。

②論文集　著者（出版年）「論文名」［編者］『書名』ページ番号。出版地：出版社。

③学術雑誌　著者（出版年）「論文名」『雑誌名』号数：ページ番号.

9.2　レポート作成上の注意

（1）字数（枚数）制限　レポートの多くは，字数や枚数を制限していることが多いので，必ず確認をしておく必要がある。一般的に，「X 字程度」の場合は，X 字±10%で書き，「X 字以内」の場合は，X 字の 90%以上を目安に書くとよい。

（2）ページ番号　レポートが複数ページにわたる場合は，ページ番号を挿入するとよい。ページ番号の挿入方法は，「挿入」タブから「ページ番号」を選択し，番号の場所を選ぶと自動的にページ番号が割り振られる（図 9-3）。この設定の場合，1 枚目からページが割り当てられるが，1 枚目に表紙を作成している場合，表紙にページ番号は通常割り当てない。その場合は，「挿入」タブから「フッター」をクリックし，「フッターの編集」を選択すると，図 9-4 のような「ヘッダー / フッターツール」タブが表示されるので，「先頭ページのみ別設定」にチェックを入れればよい。

（3）Word の機能を活用する　Word には，レポートを作成する上で便利な機能がある。これから紹介する機能は，レポートにはもちろん，その他の文書作成においても役に立つことが多いので，ぜひ活用できるようになってほしい。

①箇条書き　文章で書くと長くなって読みにくくなる時に，箇条書きでまとめると要点がわかりやすくなる場合がある。Word は，箇条書きのマークを自動で振り，間隔を自動で調整してくれる機能がある。箇条書きの挿入方法は，［ホーム］タブの段落にある箇条書きのアイコンをクリックすればよい（図 9-5）。行頭の箇条書き用のアイコンは数種類あるので，必要に応じて使用すればよい。

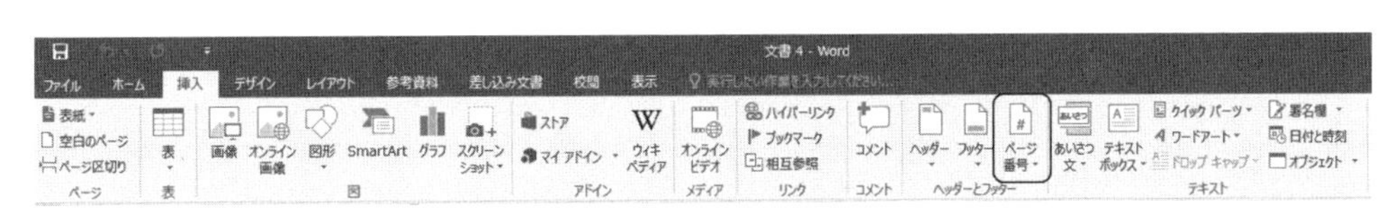

図 9-3　ページ設定

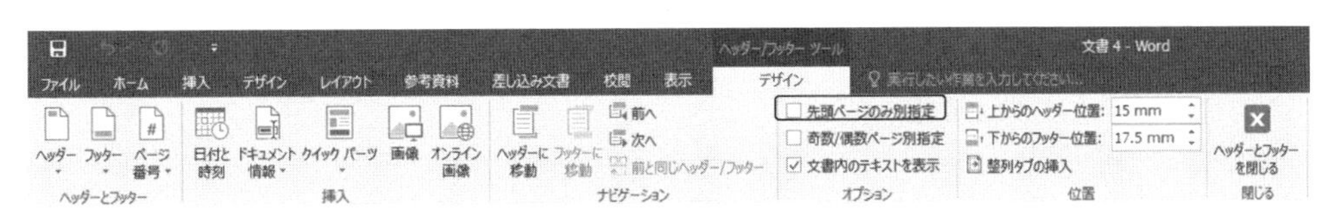

図 9-4　表紙のページ設定

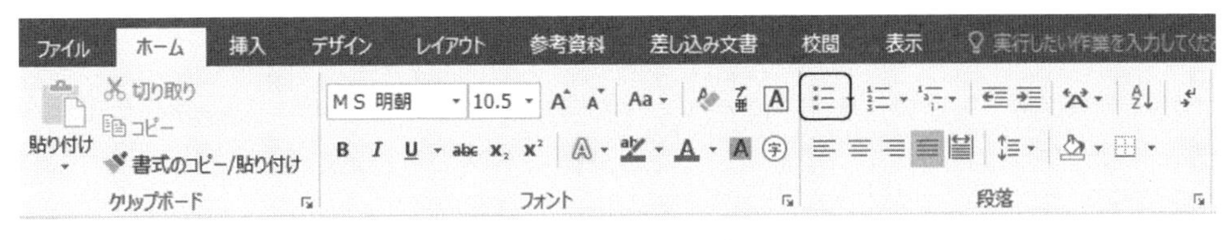

図 9-5　箇条書きの挿入

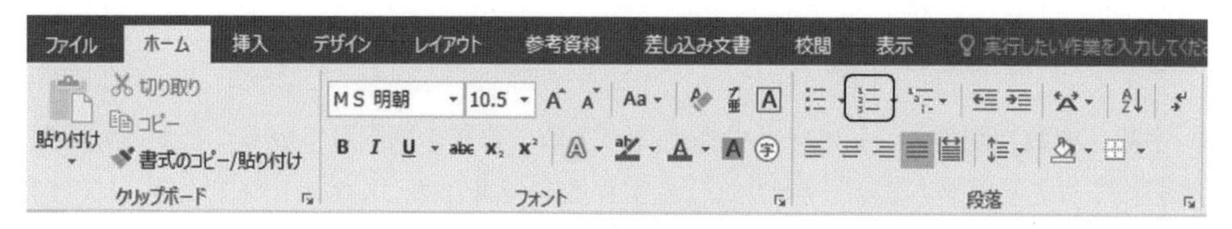

図 9-6　段落番号の挿入

②段落番号　文章の塊をひとつの段落としてまとめる場合，Word には段落番号を自動で振り，間隔を調整してくれる機能がある。段落番号の挿入方法は，［ホーム］タブの段落にある段落番号のアイコンをクリックすればよい（図 9-6）。段落番号の種類は様々であり，必要に応じて使い分けるとよい。

9.3　Excel データの利用

Word には表を挿入し，作成する機能が備わっているが，Excel で作成した表などを Word に取り込むことも可能である。このことを知っていれば，Excel で作成した表データを Word で新たに作成する必要はなくなる。方法は，Excel での表データを選択し，コピーして，それを Word の文書中に貼り付ければよい。この機能は当たり前のことだと思うかもしれないが，レポートを作成する上では，必要不可欠な機能なので，使用できるようにしてもらいたい。

9.4　Mika Type の打数に関するレポート作成

（1）レポートの様式　本節では，Mika Type の打数に関するレポートを練習として作成してみよう。レポートの様式，内容に関しては以下の事項を遵守して作成するものとする。

- ・A4，横書き，4 ページで構成される。
- ・上記 4 ページとは別に 1 ページの表紙を付ける。
- ・表紙には，タイトル，提出日，学生番号（クラス・出席番号），氏名を入れる。
- ・表紙のタイトルは「Mika Type 打数に関するレポート」とする。
- ・レポートは，見出しを MS ゴシック，本文は MS 明朝で作成する。
- ・構成は，「はじめに」，「Mika Type について」，「Mika Type 打数表の作成」，「Mika Type 打数の推移」，「考察」，「まとめ」，「参考文献」とする。
- ・レポートには，Mika Type 打数表とグラフを必ず添付すること。
- ・「考察」については，参考となる文献や資料があれば，必ず引用すること。

（2）レポート作成を通じて　レポート作成は決して楽ではない作業である。中には，面倒だとか，やりたくないといった人もいるだろう。しかし，大学だけでなく，就職した後も，このレポート作成からは切っても切り離すことができないことを自覚してもらいたい。レポート作成という作業は今後の自分自身のキャリアアップに必ず役に立つので，ぜひ積極的に取り組んでもらうことを期待する。

9.5 章末課題

AI の技術が今後の私たちの生活にもたらす影響についてあなたの考えを 1200 字以内でまとめなさい。ただし，以下の形式を守ること。

・1 枚目は表紙とし，タイトル，提出日，学生番号（クラス・出席番号），氏名を記入せよ。また，タイトルは「AI が我々の生活に及ぼす影響」とする。

・A4 用紙を縦に使用し，横書きで記入する。

・本章のレポート作成手順等を参考にし，レポートとしてまとめる。

第10章　プレゼンテーションソフトの基礎

この章では，代表的なプレゼンテーションソフト Microsoft PowerPoint 2019（以下 PPT）を使った基本的な操作方法とプレゼンテーション資料作成法，その利用例について学習する。

10.1　PowerPoint の起動方法と基本操作

（1）PPT の起動方法　PPT の起動方法は，Word や Excel と同様に，［スタート］ボタンで表示したスタートメニューから［PowerPoint 2019］をクリックして起動させる。起動後は，図 10-1 のような画面が表示されるので，必要であれば表示されたテンプレートを使用し，そうでなければ［新しいプレゼンテーション］を選択する。

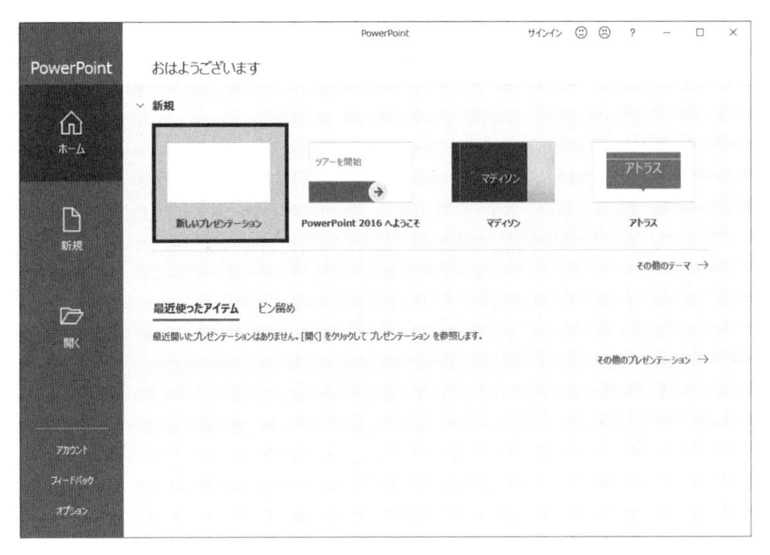

図 10-1　PPT 起動画面

（2）PPT の画面構成　［新しいプレゼンテーション］で起動すると，図 10-2 のような画面が表示される。ここで，画面内の構成について，基本事項を列記する。

①サムネイル　図 10-2 の②に表示されているスライドを縮小して表示したもの。スライドの並びの確認や，スライドのコピー・貼り付けを行うことができる。

②スライド　プレゼンテーション用のスライドを編集する領域。文字や図，表，動画などを挿入できる。

③ノート表示　発表の注意点や台本などを記入するノートを表示させる。

図 10-2　PPT の画面構成

（3）PPT の基本操作——スライドの作成　PPT の基本的な文字入力に関しては，Word や Excel と同様である。ただし，PPT の場合はプレゼンテーションソフトであることに注意し，文字が小さすぎる，文字の色が見にくいといったことに注意して文字入力を行う必要がある。この節では，スライドに関する基本操作を記述する。新しいスライドの挿入方法は，［ホーム］タブから［新しいスライド］をクリックすればよい。すると，挿入するスライドの種類が選択できるので，各自適したスライドを選択する。または，サムネイルで右クリックをし，［新しいスライド］を選択しても同様に新しいスライドが挿入できる。次に，スライドの削除方法は，サムネイルに表示されたスライドの中から，削除したいスライドをクリックし，キーボードの Delete もしくは Back Space キーを押すと削除できる。または，サムネイル上で削除したいスライドを右クリックし，［スライドの削除］を選択しても同様にスライドの削除ができる。

（4）PPT の基本操作——挿入　PPT は文字以外にも図，画像，メディアといったものも挿入でき，プレゼンテーションをよりよく実施するために設計されている。これらはすべて，［挿入］タブから挿入することができる。

まず，図の挿入方法について記述する。図は［挿入］タブの図形のグループにあり，「図形」，「SmartArt」，「グラフ」の 3 つがある。図形は，様々な種類の図形や矢印などがあり，これらを組み合わせて思い通りの図を作成することができる。SmartArt は循環構造の図，ピラミッド図といったある程度汎用性のある図がデフォルトで用意されている。自身で図形から作成しなくても，SmartArt を利用した方が便利な場合もある。グラフは，Excel で作成したグラフを直接挿入することができる。

次に，画像の挿入方法について記述する。画像は［挿入］タブの画像グループにあり，「画像」，「オンライン画像」，「スクリーンショット」，「フォトアルバム」の 4 つがある。画像は，自身で作成あるいは撮影した画像やオンライン上の画像，スクリーンショットで取り込む画像などがある。ほとんどの場合，自身で撮影した画像，取得した画像を挿入する時に用いる。画像をスライドに挿入することで，視覚的にも訴えやすいプレゼンテーションにできる。

次に，メディアの挿入方法について記述する。メディアは［挿入］タブのメディアグループにあり，「ビデオ」，「オーディオ」，「画面録画」の3つがある。ビデオやオーディオは，画像や図と同様に，スライドに音声や音楽，映像などを貼り付けることができる。画面録画は，PCの画面を録画し，それをメディアとして貼り付ける機能である。

このような機能は，文章だけでは伝わりにくい部分を視覚的に補うものなので，プレゼンテーションの際には積極的に活用するとよい。

10.2 アニメーションの設定方法

(1) アニメーションの意義　アニメーション設定とは，スライド中の文字や画像等に動きや音を付けることで，プレゼンテーションにメリハリをつけることができる。ただし，アニメーションの多用は，聴衆の集中を逸らす，伝えたい内容を見失うといったことを引き起こすことがあるので，注意が必要である。

(2) アニメーションの設定 1　アニメーションは［アニメーション］タブ内で設定することができる。自身が設定したアニメーションの履歴やアニメーションの順番を変更したい場合は，図10-3 (a) の［アニメーション ウィンドウ］をクリックすると図10-3 (b) のように画面右にアニメーションウィンドウが表示される。例えば，「アニメーションのテスト」とテキストを入力し，そのテキストボックスを選択状態にすると［アニメーション］タブの［アニメーション］の部分がアクティブ（選択可能）になる。アニメーションの追加には，「開始」，「強調」，「終了」，「アニメーションの軌跡」といった種類があり，自由に選択することができる。種類は豊富にあるため，各自でど

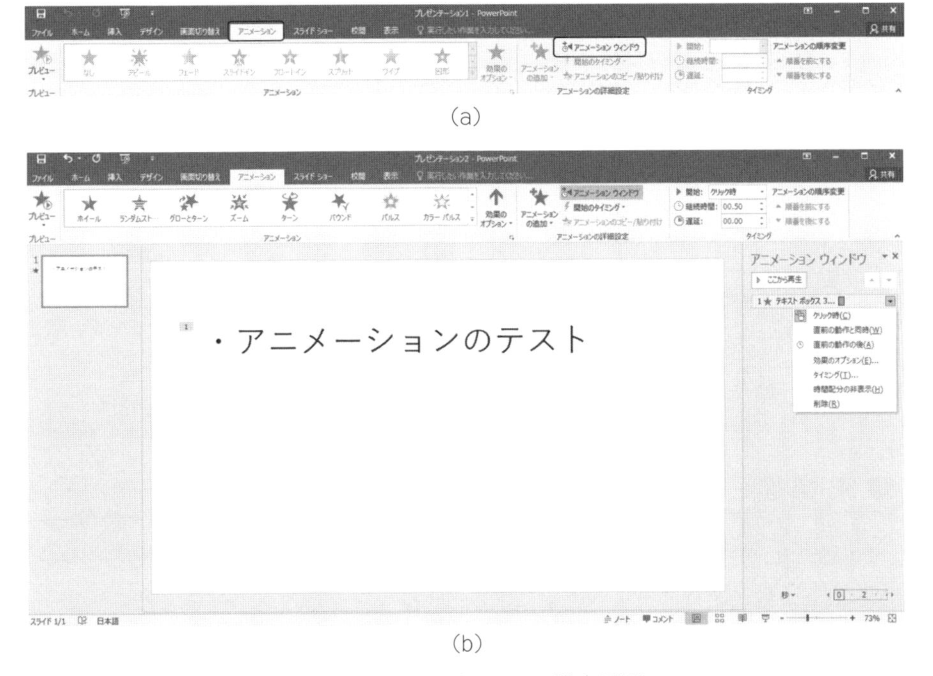

(a)

(b)

図 10-3　アニメーション設定画面

のようになるのか試してみてほしい。また，アニメーションウィンドウの各項目の右側にあるプルダウンをクリックすると，図 10-3（b）の右側のようなプルダウンが出てくる。このプルダウンから，アニメーションのタイミングなどの詳細な設定が可能である。

（3）アニメーションの設定 2　アニメーションはスライドの中だけではなく，スライド間の移動についてもアニメーションを設定できる。図 10-4 のように［画面切替］タブ内で，様々な種類のアニメーション設定が可能である。(1) で述べたように，ページ間移動においてもアニメーションを多用すると，逆効果になることもあるので，注意が必要である。

図 10-4　スライド間移動のアニメーション設定

10.3　自己紹介のスライド作成

（1）スライド作成の前に　本章では，プレゼンテーションソフトの基礎として PPT の使用方法について概説してきた。そこで，本節では，プレゼンテーションソフトを使用して，自己紹介のスライドを作成してみよう。実際にスライドを作成する前に，自分のことを一度見つめ直してみよう。以下の項目を参考に，自分自身について相手にどのように伝えるかを考えてみよう。

- 自分の現在の目標
- 自分が頑張っていること
- 自分の長所と短所
- 今までの自分を振り返って
- 相手に伝えたい自分のアピールポイント

（2）自己紹介スライド作成　実際にスライド作成を行ってみよう。スライドを作成する際は，文字の大きさ，画像の大きさ，レイアウト等を工夫し，見る人のことを考えたスライドを作成しよう。具体的には以下の要件を遵守すること。

- スライドはタイトルページを入れて 4 枚とする。
- タイトルページは「自己紹介」というタイトルおよび，学生番号（組・出席番号），名前を適切な大きさで記載する。
- 2 ページ以降は，自己紹介に関して自由に記載する。
- アニメーションは使用しない。
- スライドには自分の顔写真を貼り付ける。

10.4　章 末 課 題

- PPT を起動させ，「プレゼンテーション」というタイトルで新規保存しなさい。
- 本章で作成した自己紹介スライドの中にアニメーションを取り入れてみよう。
- 二人一組になって，相手について紹介する他己紹介スライドを作成しなさい。スライドの内容や書式は 10.3（2）を参考にせよ。

第11章 プレゼンテーションソフトの応用

この章では，前章で作成したスライドを用いて，発表を体験し，自身の発表について見直し，今後に役立てるための方法について学習する。

11.1 発表方法

(1) プレゼンテーションの基礎　プレゼンテーションとは，聞き手に自身の発表内容を理解してもらうことが重要である。プレゼンテーションという言葉を聞くと上手く話すことが主眼であると捉えがちだが，上手く話すためには，事前の準備が大切である。その準備の中には，プレゼンテーションのための資料が含まれている。したがって，聞き手が理解しやすいようにプレゼンテーション資料を工夫すること，話す内容を決めておくといった事前の準備をしっかりとして，臨むとよい。

(2) プレゼンテーションの形式　プレゼンテーションの形式には，発表者に対して，聞く側が1人の場合と複数の場合に大別される。前者は，話す対象が1人であるため，相手の表情やあいづちの有無などに注意を払っておけば，発表内容がわかっているか，話についてきているかといった対応が適切に処理できる場合があるが，後者は話す対象が複数であるため，全員の表情などを把握するのは非常に困難であり，全員に対して一律の対応をすることは容易ではない。また，本書では，リメディアル教育のための情報リテラシー教育に主眼を置いているため，想定される形式は，発表者に対して聞く側が複数の場合を想定している。以上より，複数の聞き手に対して全員に理解してもらおうとするには，プレゼンテーションの資料だけでなく，プレゼンテーション方法やツールを上手く活用する必要がある。

(3) プレゼンテーションのツール　プレゼンテーションのツールには様々なものがあるが，ここでは代表的なものを紹介する。

①スライド　前章で学習したパワーポイントによるスライドに代表されるツールである。話だけでは理解しにくいことでも，相手に視覚的に訴えることが可能となる。ただし，発表中のみ効果を発揮し，発表が終わると聞き手の手元には情報がなくなるため，配布資料と併用するといった工夫が必要である。

②配布資料　発表内容をまとめたものや準備したスライドをコピーしたものなど，発表者によって工夫することができる。また，聞き手の手元に残るため，スライドとは異なり，疑問点や載っていない情報をメモすることができるという利点がある。①のスライドと併用することで，より効果的である。

③動画　文字や静止画では理解しにくい内容を相手に伝える際に用いられる。動画単独の場合や，①のスライド内に組み込んだ場合など，発表者による工夫が可能である。しかし，動画を流している間は発表者は何もせずに立っているだけになってしまうことがあるので，動画に合わせてナ

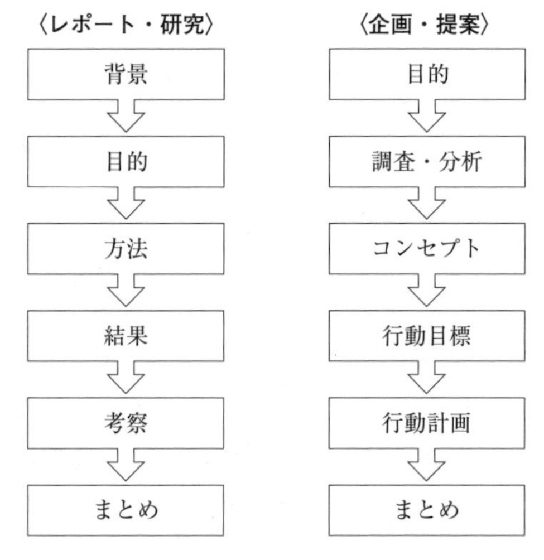

図 11-1　プレゼンテーションの構成例

レーションのような補足説明を加えることや，聞き手の表情を見て理解度をチェックするなどといった，動画でしかできないことを実施するとよい。

(4) プレゼンテーションの構成　ここまで，プレゼンテーションの基礎事項についてまとめてきたが，次に実際にプレゼンテーション資料を作成する際に，どのような構成で作成すればよいかについて記述する。プレゼンテーション資料を作成する際に気を付けてほしいことは，講義等で課されるレポートや小論文のような構成，いわゆる「起・承・転・結」や「序論・本論・結論」を意識することである。プレゼンテーションは，ブログや日記とは異なり，自身の意見だけを述べるものではない。必ず自身の意見とともに根拠となるデータなどとセットで述べることで，より聞き手に説得力のあるプレゼンテーションが展開できる。ここで，図 11-1 にプレゼンテーションの構成例を示す。どのような内容についてプレゼンテーションをするかによって細かな構成は若干変わることがあるが，大きな構成は変わらないことに気づくと思う。プレゼンテーションの構成を事前にしっかりと作りこむことで，聞き手の理解度や聞く態度が大きく変わるので，構成について知っていることは重要である。

(5) 発表方法　プレゼンテーションの資料が準備できたら，実際に発表を想定した準備・練習を行う。準備とは，発表する場所の環境（広さ，雰囲気，登壇場所など）や設置機器の確認を行うことである。特に，スライドを使用したプレゼンテーションの場合，パソコンの規格や種類によって接続ケーブルが異なることや，ソフトのバージョンによってレイアウトがずれるといったトラブルも考えられるので，事前の準備は必要不可欠である。まずは，自分が講義を受けている教室について，以下の項目を確認してみよう。

・プロジェクターは設置されているか？
・教室の広さはどのくらいか？
・スクリーンの大きさはどのくらいか？

次に，発表を行うにあたって以下の項目について確認してみよう。

・自分が使うパソコンは Windows か Mac か？
・プロジェクターとパソコンを接続するケーブルは教室備え付けか，自分で用意するのか？
・教室に備え付けのパソコンがある場合，パソコンの規格，ソフトのバージョンは自分の準備した資料と互換性があるか？
・プレゼンテーション資料は発表時間に対して適切な量か？
・アニメーションや動画を用いる場合，動作確認をしたか？
・アニメーション設定（順番や速さなど）は適切か？

上記項目を確認できたら，発表練習を重ねていくだけである。特に，プレゼンテーション資料を見たままでの発表は聞き手の状況をつかみにくいため，資料を目にするのは最小限にとどめ，適宜聞き手の方を見ながら発表するという方法を身に付けると，今後につながる発表スキルが身に付く。

11.2 自己紹介の発表

(1) 自己紹介スライドの確認 10.3 (2) で作成した自己紹介のスライドを用いて，発表を実際に体験してみることを本節の目標とする。作成した自己紹介スライドを見直し，必要であれば適宜修正を行い発表に備えよう。

(2) 発表に対する注意事項 10.3 (2) で作成した自己紹介のスライドは，タイトルページを入れて4枚で構成されている。そこで，発表時間は5分とし，時間内で自分自身のことについて自己紹介を行うこととする。必要に応じて情報を追加する，アニメーションや画像を取り入れて聞き手に訴えるような工夫をするなど，自身のプレゼンテーション資料を推敲してみよう。

11.3 発表評価

実際に発表を行ってみる前に聞き手としてどのような点に注意して聞くとよいかについて，以下の発表評価表を参考にしよう。

評価区分	評価項目	評価
内容	資料や発表の構成はわかりやすかったか	5 4 3 2 1
	明確に伝わったか	5 4 3 2 1
発表	声の大きさは適切か	5 4 3 2 1
	声のメリハリは適切か	5 4 3 2 1
	話す速度は適切か	5 4 3 2 1
	アイコンタクトは適切か	5 4 3 2 1
	姿勢は適切か	5 4 3 2 1
総合	時間通りに終わったか	5 4 3 2 1
	発表に工夫が見られたか（アニメーションや画像・動画の利用）	5 4 3 2 1
	発表内容が印象に残るものだったか	5 4 3 2 1

発表評価表の項目は，発表者自身の言動・プレゼンテーション資料と発表内容に大別できる。発表する際は，緊張して声が小さくなることや早口になってしまう，スライドを見たまま話しているといった発表者に直接関係のある部分と，文字の大きさが小さくて見えにくいことやアニメーションばかりで内容がわかりにくいといったプレゼンテーション資料に関係のある部分が，評価に関わってくることがわかる。したがって，他人の発表を聞くときは，発表評価表に対する評価を記入すると同時に，自分自身の発表に生かすことができる点を多く見つけることが重要である。

11.4 自己評価

自己評価は，自分自身の発表について見直しを行う大切なプロセスである。以下の自己評価表を参考にしよう。

評価区分	評価項目	評価
事前準備	聞き手にわかりやすい発表資料を作ったか	5 4 3 2 1
	十分に発表練習を行ったか	5 4 3 2 1
発表	声の大きさは適切か	5 4 3 2 1
	声のメリハリは適切か	5 4 3 2 1
	話す速度は適切か	5 4 3 2 1
	アイコンタクトは適切か	5 4 3 2 1
	姿勢は適切か	5 4 3 2 1
発表後	時間通りに終わったか	5 4 3 2 1
	聞き手の表情を見ながら発表できたか	5 4 3 2 1
	満足のいく発表だったか	5 4 3 2 1

自己評価表を参考に自分自身の評価を行い，自分が評価した他者の発表評価表と比較してみよう。すると，自分がうまくできなかったことがきちんとできている人などを見つけることができる。その場合，自分に足りないところを補うために，もう一度他者の発表内容を振り返ることで，自分自身にフィードバックしていくことが大切である。発表の技術というのは，すぐに身につくものではなく，繰り返し経験していくことで次第に身についていくものである。今回の発表を，自分自身の発表技術をさらに磨いていくためのきっかけとしてぜひとも利用してもらいたい。

11.5 章末課題

・他者の発表評価表についてExcelでレーダーチャートを作成しなさい（作成したレーダーチャートは発表者に公開してあげよう）。

・自己評価表についてExcelでレーダーチャートを作成しなさい。また，作成したレーダーチャートについて自己分析をし，Wordを使って，自身の発表に対するレポートを作成しなさい。

第12章 学生生活と情報

この章では，情報の定義や情報収集の仕方，情報の活用など，学生生活に必要な情報活用の基本的な内容について学習する。

12.1 情報の定義

情報とは，物事の事情を人に伝えるもの。また，それを文字や図表，画像や音声，映像などを使って表現したものである。具体的には，私たち人間が何かを知覚したとき，何らかの意味を想起させ，人々の思考や行動に影響を与えるものを指す。なお，人にとって意味を成さないノイズやランダムなパターンをも含む，いわゆる「データ」(data) とは違うものである。

ただし，例外的に**情報科学**や**情報理論**の分野においては，情報の意味や価値判断の側面を度外視して，量的側面からその伝達や保存，さらには変換について検討することがある。この場合の「情報」は基本的にはデータと区別されないものであるとされている。

一方，科学的には，人間の存在を仮定せず，何らかの**物理的実体**に焦点あてて，その影響を及ぼすパターンを「情報」とみなす場合もある。例えば，人間などの動物の持つDNAは，人類が誕生する以前から生命の発生や生育に影響を与えており，私たちがそれをどのようにとらえ解釈するかは別として，一種の情報であるとみなすことがある。また，政治や軍事などの分野においても，「情報機関」のように諜報に近い意味合いで「情報」という語を用いる場合がある。

今日では「情報」について，広範にとらえ用いられることが多くなった。

12.2 情報の収集方法・活用方法

現代社会では，新聞，書籍，雑誌，テレビ，ラジオ，**ブログ**や**SNS**といったインターネットなど，多くの情報が溢れるようになった。このような**情報過多**な時代においては，「情報が多すぎて，どのように収集したらよいかわからない」という場面もみられるようになってきた。私たちが日々収集している情報の中には，正しいものがある一方で，正しくない間違った情報も数多く含まれている。仕事を円滑に進めるためにも，何が正しくて何が間違っているのか，そのような情報の見極めが非常に重要になってくるといえる。正しい情報を集めるためにどのようにすればよいか，よく考える必要がある。

(1) 情報の収集方法　一口に**情報収集**といっても，何でも手当たり次第に情報を集めればいいということではない。私たちの活動にとって必要な情報，有益な情報，そしてそれを活かせる情報を収集することが大切である。そのためにはいくつかのポイントがある。つまり，

①目的を持つこと

②全体像をつかむこと

③集めた情報を整理・保管しておくこと

④収集した情報を活用すること
などである。具体的には，情報収集では，まず，目的を持つことが重要である。「何のために，どのような情報を探すのか」ということを明確にしておくことが求められる。情報は日々刻々と変化している。そのため，目的が曖昧だと必要な情報も埋もれてみえなくなってしまう。その結果，時間ばかりが過ぎて結局何の情報も得られなかったという事態に陥る可能性もある。目的がはっきりしていれば，自ずと欲しい情報にたどり着くことができる。次に，全体像を十分に把握しておくことが重要である。特に新しいことを始める場合に集める情報については，難しく的確な情報にたどり着くことが困難な場合も多い。しかし，目的をすでに明確に定めてあれば，その目的に合った情報を集めることも容易である。その上で，情報を収集する前と，ある程度，情報を収集した後の現状を比較してみると，どのような情報が足りていて，どのような情報が不足しているのかが把握できる。全体像を知ることで，最初に何をやるべきなのかも明らかになる。さらには，どのような順番で情報を得るべきなのかも明らかになる。

また，集めた情報はすぐに整理してわかりやすく保管しておくことが重要である。保管した情報をすぐに取り出すことができるような工夫をすることが，後で必要な情報を使って作業する場合に役に立つ。**紙媒体**や**電子記録媒体**でも同じであるが，**フォルダ**や**ファイル**を上手に活用して整理しておくことが効率性を高めるためにも大切である。そして，収集した情報はすぐに活用することが重要である。有益な情報をたくさん集められたとしても，実際にそれを活用しなければ無意味なものとなってしまう。特に最近では日々刻々と情報が入れ替わり，変化している。そのため，情報収集から活用までの時間を素早くしないと，せっかく集めた情報も陳腐化してしまい利用できなくなってしまう可能性がある。自分が抱える課題や問題を解決できるような情報があれば，すぐに活用することが望ましい。

(2) 情報の活用方法　多くの情報が溢れている今日において，収集した情報が誤ったものであった場合，そのことに気がつかないでいると，仕事などに大きな不利益を被ることになる。情報を活用する場合，その情報が正しいか否かを見極めなくてはならない。私たちが正しい情報を見極めるためには，その情報の出所がどこであるのかを知る必要がある。また，得られた情報が正しいのか常に疑問をもって接することが重要である。

誰でも簡単に情報を得ることが可能になった今日，情報は日々刻々と変化をしている。とりわけインターネットを利用して得た情報の中には，根拠のない情報や嘘の情報が含まれている場合もある。情報を利用する場合，利用者自身が不利益を被らないように十分気を付けなければならない。そのためにも，情報源がどこなのか，あるいはその出典が明確なものなのかをきちんと確認することが大切である。例えば，いかに小さな情報でも「たぶん大丈夫だろう」と過信するのではなく，確信が持てない情報については，しっかりと裏付けをとることも必要である。そのために有効なのが，官公庁や研究機関が発表している資料や分析した**統計情報**などをもとに確認することである。

そして，情報を得たらその情報が最新のものなのか，今でも使える有益な情報なのかを必ず確認することが重要である。情報は必ず複数存在する。一つだけを見て判断せずに，常に複数の情報を確認することが大切である。そうすれば，同じような情報の中から，信憑性のある情報，あるいは自身にとって本当に必要な情報であるのかが適切に判断できるようになる。このように収集した情報を活用することが重要だといえる。

また，情報化の時代を生き抜くためには，情報の活用はもちろんのこと，**情報発信**についても十分な知識を身につけておく必要がある。

情報発信には様々な手法がある。例えば，文書の作成，**プレゼンテーション**の実施，**Webサイト**の公開，Facebook や Instagram などの SNS の発信などが挙げられる。効果的に行うためには，しっかりと計画を立て，「誰に，何を，どのような理由で伝えたいのか」を明確にしておく必要がある。そして計画した内容に適した素材を集めることが重要である。集めた素材をもとに伝えたい内容に沿うように組み合わせを行う。そして，情報発信を行った後には必ずその結果を評価して当初の目的どおりであったのかを検証することが重要である。このような系統立てた手順に従って正しい情報をわかりやすく伝える力が，今後は必要になってくる。誰でも簡単に情報発信ができるがゆえに，よく考えて行わないと大きなトラブルに発展することもあるので，気を付けたいものである。

12.3 章末課題

・情報を収集する際の注意点について述べなさい。

第13章 インターネットと情報検索

本章では，インターネットを利用する際の利点と欠点，さらには情報収集のための検索の方法について学習する。

13.1 インターネットの利点

インターネットの利点として考えられることとして，情報の即時性が挙げられる。つまり，インターネットは情報が欲しい時にすぐに得られるツールであるということである。すなわち，インターネットに接続すれば24時間いつでも情報を得ることができるということである。例えば，予期せぬ事態に遭遇したり，今すぐ情報がほしいと思ったりした場合に，新聞などの紙媒体では得たい情報はすぐに得られない。

さらに，インターネットでは最新の情報が得られやすいという利点がある。インターネット上の情報は，常に公開された状態にあるが，その情報は何時でも最新のものに更新することができる。新聞などの紙媒体では，情報が発信された後にその情報を即座に更新することはなかなか難しいが，インターネットでは絶えず情報が更新されているため，インターネットの利用者は最新の情報を入手することが可能である。ただし，すべての情報が常に新しいものに更新されているかというと，インターネット上には古い情報がそのまま放置されていることも多々みられる。そのため，使う側がその情報が新しいものなのか否かの判断をしっかりと行って，意識しながら使う必要がある。

ところで，インターネットの特徴として，**検索機能**が充実していることが挙げられる。つまり，インターネットでは，キーワードを用いて検索すると，それに関連した情報を容易に見つけ出すことができるということである。例えば，これまでのように図書館で過去の新聞や本の山と首引きで情報を探すという手間をかけずに，自分が欲しい情報を得ることができる。代表的な検索サイトとしては，グーグル（Google）やヤフー（Yahoo!）などが挙げられる。これらはキーワードを入れると，該当するページの一覧が表示され，そこから情報にアクセスすることができる。

また，インターネットは**リンク機能**により，ひとつの情報源が複数の情報源とつながっていて，それをたどっていくことができるという特徴もある。そのことで，気づいていなかったところにほしかった情報が存在していたり，より詳しい情報を得られたり，最適な情報を得ることが可能である。

13.2 情報検索方法

インターネットで情報を調べる時は，必ず**検索エンジン**を使う。この検索エンジンの使い方をしっかりと覚えると，効率的に情報収集ができるようになる。上手なインターネット検索の仕方についてみてみる。検索エンジンには種々あるが，一般的によく使われているのがGoogleとYahoo!である。ここではGoogleを例に説明をする（Googleも，Yahoo!も同じ検索システムを使用しているので，実質的には同じである)。

(1) AND 検索(複合語検索)　**AND 検索**とは，2 語以上のキーワードでの検索方法のことである。1 語だけのキーワードだと，知りたい情報がなかなか見つからないことが多い。そこで，2 語以上のキーワードで絞り込めば，見つかる可能性も高くなる。例えば，紅茶の意味について調べたい場合，「紅茶」と検索するよりは，「紅茶とは」と検索した方が見つけやすくなる。つまり，何かの意味を調べるときは，「○○とは」と検索することになる。さらに，紅茶の種類について調べたい場合には，「紅茶␣種類」と検索すれば，情報が得られることになる。AND 検索は基本であるので，よく理解しておくことが大切である。

(2) OR 検索　**OR 検索**とは，同じ意味のキーワードが複数ある場合，両方を一度に検索すると効率がよい。例えば，コンビニエンス・ストアとコンビニの両方のキーワードを調べたい場合，それぞれを別に検索するのではなく，「コンビニエンス・ストア OR コンビニ」と検索することで，両方の情報を一度に得ることができるというものである。

(3) NOT 検索　**NOT 検索**とは，例えば「マック」という言葉について調べたい場合，コンピュータの Mac である可能性もあるし，マクドナルドの俗称であるマックの可能性もある。仮に検索者がコンピュータの Mac について調べる時に，単純に「マック」とだけ検索すると，マクドナルドの情報まで得られてしまう可能性がある。そこで，NOT 検索を使うと便利である。つまり，「マック -マクドナルド」というように，除外したい言葉の直前に「-」を入れて検索をする。これによって，マクドナルドの情報が除外されて，コンピュータの Mac だけの情報が得られることになる。

(4) フレーズ検索(完全一致検索)　**フレーズ検索**とは，単語ではなく，文章のフレーズで検索したい場合に用いるものである。宮澤賢治の詩の一節である「雨ニモマケズ風ニモマケズ」を検索する場合，そのまま検索すると，文章に含まれる単語そのものを分解した検索結果が得られることがある。そこで，自分が調べたい言葉と完全に一致したものだけを表示させたい場合には，検索語を「" "」(ダブルクォーテーション)で囲む。すると，「雨ニモマケズ風ニモマケズ」と完全一致したものだけが表示されることになる。

13.3 インターネットの問題

インターネットを利用するにあたり，様々な問題点も指摘されている。主なものとしては，例えば，**コンピュータウイルス**感染の問題がある。コンピュータウイルスとは，悪意のある者が作成したプログラムのことで，各種メディア(CD-R，CD-RW，DVD-R や USB メモリなど)や電子メール，インターネットからダウンロードをしたデータやソフトウェアなどを通じて感染するものである。

また，**不正アクセス**の問題もある。不正アクセスとは，正規のアクセス権限を持たない者が，不正に他人のコンピュータに侵入することである。代表的な不正アクセスには，ソフトウェアの弱点を悪用したファイルの盗み見，削除や改変行為，盗聴やパスワードの窃取，不正に侵入したコンピュータを媒介した迷惑メールの送信などが挙げられる。

ほかに，**スパムメール**の問題もある。スパムメールとは，不要なインターネット広告の電子メール，あるいは迷惑メール等のいわゆる望まないメールのことである。スパムメールは，他人のメールサーバーなどを使って大量の広告メールなどを無差別に送信するので，使用されたメールサーバーに大きな負荷がかかり，本来のメールの送受信に悪影響を及ぼすことがある。また，望まない人に対して大量のメールが送信されることによって，ネット回線自体に大きな負荷がかかることもある。

さらに，**スパイウェア**の問題について述べる。スパイウェアとは，気づかないうちに，自身のPCに勝手にインストールされてスパイ活動を行うプログラムのことである。スパイ活動の内容としては，PC内に保存されている情報（住所，氏名，電話番号，メールアドレスなどの個人情報，クレジットカード番号，ID，パスワードなどの秘密情報など）あるいはPCに対する操作の情報（PCの使用履歴やブラウザの閲覧履歴など）を，無許可で第三者に送信するといったことである。

その他の問題点としては，**ネット依存**なども挙げられる。ネット依存とは，インターネット（スマートフォンでの利用を含む）の使用を自分の意志でコントロールできない状態のことをいう。インターネット依存症の略称で，**インターネット中毒**やネット中毒，**ケータイ依存**，**スマホ依存**などといわれることもある。

コンピュータウイルス感染対策や迷惑メール対策の方法としては，まず，**セキュリティソフト**をインストールすることが不可欠である（セキュリティソフトはパソコンへの不正アクセスやスパイウェア対策の面でも有用である）。ウイルスは日々進化しているので，新種のウイルスに対処できるように，セキュリティソフトから**アップデート**を求められる際には更新して（あるいは自動更新されるように設定して），ソフトを最新の状態に保つようにしておくことが望ましい。

セキュリティソフトにはウイルス対策の拡張機能として，**迷惑メール対策機能**があるので利用するとよい。また，迷惑メールブロック機能を持つメールソフトを利用する方法も考えられる。これは，メールソフトを利用して，迷惑メールを受信トレイに残さず，自動的に別フォルダに振り分けることができるもので，必要なメールとそうでない迷惑メールの区別をつけて，快適にメールが利用できるものである。さらには，プロバイダが提供する**フィルタリングサービス**を利用するというのも一つの有効な対策手段として考えられる。なお，利用中のサービスによってフィルタリングの設定方法が異なるので，注意が必要である。

13.4 章末課題

・AND検索とOR検索の違いについて述べなさい。

第14章　情報モラルとセキュリティ

この章では，情報モラルと情報セキュリティについて，法的な面も踏まえて学習する。

14.1　情報モラル

私たちの生活において欠くことができない情報技術であるが，その使用にあたって気をつけなければならないこともある。**情報モラル**とは，私たちが情報を扱う上で求められる道徳のことをいう。特に，情報機器や通信ネットワークを通して第三者と情報をやり取りする場合に，他者や自らを害することがないように，当然に身に付けなければならない基本的な態度や考え方であるといえる。

例えば，掲示板やブログに関するトラブルとして，**ブログの炎上**，デマ，荒らしなどがある。ブログの炎上では不特定多数の人たちから批判的なコメントが殺到し，収拾がつかなくなることがある。書き込んだ内容の配慮不足や些細な不適切なことばづかいから発展することが多く，十分注意する必要がある。

情報拡散に関するトラブルとしては，**犯罪予告**や写真による**位置情報の流出**などがある。インターネット特有の匿名性を利用して，犯罪予告をして騒ぎを起こす愉快犯的な行為も目立つようになってきた。また，SNSの投稿により，多くの写真が出回るようになってきたが，撮影された写真には位置情報や撮影日時などが埋め込まれていることもあり，本人が知らない間に情報が公開されてしまうこともある。

その他，電子メールによるスパム，メールや**チェーンメール**，**なりすましメール**などのトラブルも増えており，注意が必要である。

上記に挙げたように情報モラルに関する内容は実に多岐にわたり，さらに，時代や新しい機器，あるいはサービスの登場によって大きく変化する。具体的な内容としては，「発信する情報に責任を持つ」，「他者の権利や尊厳を尊重する」，「自分や周囲の人の**個人情報**やプライバシーをみだりに公開したり教えたりしない」，「ネット上で知り合った相手と個人的に連絡をとったり直接会ったりしない」などが挙げられる。

（1）個人情報保護法（個人情報の保護に関する法律）　**個人情報保護法**とは，個人情報に関して本人の権利や利益を保護するため，個人情報を取り扱う事業者などに一定の義務を課す法律である。2003年5月に成立し，2005年4月1日に施行された。

その内容は，体系的・継続的に個人情報を保有し利用するすべての団体や事業者に対し，取得や保存，さらには利用に関する義務や違反時の罰則などを定めているものであり，制定当初は5000件を超える個人情報を所有する事業者のみが規制の対象だったが，2017年の改正によってこの要件は撤廃され，小規模な事業者や町内会のような団体もその対象となった。

この法律で，保護の対象となる個人情報とは，生存する個人の氏名や生年月日，住所，電話番号など，いわゆる個人の特定や識別に用いることができるものが該当する。また，顔写真や所属先のメールアドレス，金融機関の口座番号のように他の情報と組み合わせれば個人を特定できる符号なども含まれるとされている。さらに，DNA 配列や指紋，声紋，顔貌，虹彩など身体に固有の特徴を符号化したデータや**マイナンバー**，パスポート番号，運転免許証番号など公的な識別番号や符号なども 2017 年の改正で対象に追加された。なお，個人情報のうち，差別や偏見につながりかねず慎重な取り扱いが求められるような項目を**要配慮個人情報**といい，本人の明示的な同意を得ずに取得したり第三者に提供したりすることが禁止されている。これには人種や信条，社会的身分，病歴や犯歴，犯罪被害事実などが該当する。

(2) 不正アクセス禁止法（不正アクセス行為の禁止等に関する法律）　**不正アクセス禁止法**とは，通信回線を通じて利用権限のないコンピュータを非正規な方法で操作することを禁じ，違反者を罰する法律である。1999 年に成立し，2000 年 2 月に施行された。

その内容は，アクセス制御を行っているコンピュータやそのようなコンピュータに守られているコンピュータに対して，通信回線やネットワークを通じてアクセスし，本来制限されている機能を利用可能にすることを禁止している。違反した場合は 1 年以下の懲役，または 50 万円以下の罰金が課せられる。

また，制限を回避する行為として，他人の**識別符号**（パスワードなど）を盗み取って本人になりすましたり，識別符号以外の制限を免れたりするための何らかの情報（例えば，ソフトウェアの脆弱性を攻撃するコードなど）を送り込むことを挙げている。さらに，2012 年の改正によって，他人の識別符号を不正に取得する行為，不正アクセスを助長する行為（識別符号の不正な提供など），不正に取得された識別符号を保管する行為が新たに禁止され，違反者には 30 万円以下の罰金が課せられることになった。

そして，コンピュータの**アクセス管理者**に対しては識別符号の管理や**アクセス制御機能**などについて適切な**防御措置**を取る努力義務が課せられることとなり，都道府県公安委員会に対しては，被害にあったアクセス管理者から支援を要請された場合には，必要な情報の提供や助言などの援助をするように定められた。

14.2　セキュリティ

情報セキュリティとは，情報を**詐取**や**改ざん**などから保護しつつ，必要に応じて利用可能な状態を維持することをいう。また，そのために講じる措置や対策などを指すこともある。情報セキュリティの個人的な対策としては，例えば，パソコンなどの情報機器や各種インターネットサービスを利用する際に必要となる **ID** や**パスワード**は重要な個人情報である。こうした情報が他人に知られてしまうと，自分自身になりすまされて，情報機器やインターネットサービスを勝手に利用されてしまう可能性がある。被害に遭わないように，ID やパスワードは適切に管理しなければならない。具体的には，パスワードは他人に容易に知られないようなものを作成する，複数のインターネットサービスで同じパスワードを使い回さないなどの対策が必要である。また，**フィッシング詐欺**などの ID とパスワードを盗み取る犯罪に注意する，ID やパスワードをメモした場合は他人の目につきにくいところに大切に保管するなどの対策を講じることが自分自身を守ることになる。

情報セキュリティの内容は，一般には情報の機密性（confidentiality），完全性（integrity），可用性

(availability) を維持することとされ，これら3つの頭文字を組み合わせて**情報セキュリティのC.I.A.**と呼ばれることがある。また，国際標準の**ISO／IEC27000シリーズ**などでも，この3要素を情報セキュリティの構成要件としている。なお，情報の機密性とは正当な権限を持った者だけが情報に触れることができる状態を，完全性とは情報の改ざんや欠落がなく正確さを保っている状態を，可用性とは必要なときに情報に触れることができる状態をそれぞれいう。さらに，これに加えて真正性 (authenticity) や責任追跡性 (accountability)，信頼性 (reliability)，否認防止 (non-repudiation) などの要素を情報セキュリティの要件の一部とする場合もある。

小さなコンピュータともいわれるスマートフォンが普及し，多くの人たちが所有するようになってきた。内蔵されているカメラの性能もよく，高級なデジタルカメラに劣らぬ性能を持つものもあり，通信機器としての本来の使い方はもちろんのこと，それ以外にも多様な使われ方をされているのが実態である。そこには当然，重要な個人情報も多々含まれている。

気軽に使えるために，スマートフォンの置き忘れや紛失なども多発している。前述のように個人情報も多く記録されているスマートフォンの紛失によるトラブルを防ぐためには，事前にセキュリティの強化を図る必要がある。例えば，パスワードによるデバイスのロック (利用者認証) が効果的である。重要な情報を保存しているのであれば，データの**暗号化対策**が必要になる。さらには携帯電話やモバイルパソコンと同じように，リモートからの**強制ロック**やデータの**強制消去**サービス，位置情報の確認サービス (置き忘れや盗難の確認) あるいはそれらの機能を持つ専用のアプリケーションの利用も効果的である。このような対策をこまめに行うことを日ごろから心掛けておくことが重要である。

14.3 章末課題

・個人情報を取り扱う際の注意点を挙げなさい。
・セキュリティ対策の方法にはどのようなものがあるか挙げなさい。

第15章 最新のネットワークコミュニケーション

15.1 SNSとは

SNSとは，Social Networking Serviceの略称で，友人・知人だけでなく面識のない第三者とも，社会的なつながりを維持・促進するために様々な機能を提供する，会員制のオンラインサービスのことである。例えば，友人や知人間のコミュニケーションを円滑にする手段や場を提供したり，趣味や嗜好，居住地域，さらには出身校，あるいは「友人の友人」といった共通点やつながりを通じてそれまで面識のなかった第三者との新たな人間関係を構築する場を提供したりするサービスで，Webサイトや専用のスマートフォンのアプリなどで閲覧したり利用したりすることができる。

(1) 主な特徴　その主な特徴は，サービスにより内容は多少異なるが，多くのサービスで典型的な機能としては，別の会員を「友人」や「購読者」「被購読者」などに登録する機能や，自分のプロフィールや写真を公開する機能，また同じサービス上の別の会員にメッセージを送る機能，自らのスペースに文章や写真，動画などを投稿して見せる機能，複数の会員どうしでメッセージの交換や情報の共有ができる機能，イベントの予定や友人の誕生日などを共有したり当日に知らせたりしてくれる機能などがある。さらに多くの商用サービスでは，サイト内に広告を掲載するなどして登録や基本的なサービスの利用を無料としているが，一部の機能を有料で提供している場合もある。

(2) SNSの種類　多くのSNSサービスでは，メールアドレスなどがあれば誰でも簡単に登録ができるが，当初，SNSが普及し始めた頃には，人のつながりを重視して，既存の参加者からの招待がないと参加できないというシステムになっている場合が多かった。現在でも，何らかの形で参加資格を限定して，登録時に紹介や審査などが必要なサービスもある。また，参加自体が自由であっても，テーマや分野などがあらかじめ指定され，その関係者や関心のある人のみの参加を募っている場合もある。そして，企業などが従業員を対象に運用する**社内SNS**や，大学が教職員や在学生，卒業生を対象に運用する**学内SNS**などもあり，業務上の連絡や情報共有に使われたり，業務とは切り離して参加者間の交流の促進のために利用されたりする場合もある。

ところで，SNSの歴史に目を向けてみると，2003年頃にアメリカを中心に相次いで誕生し，わが国におけるサービスも2004年頃から普及し始めたとされている。世界的には，初期に登録資格を有名大の学生に絞って人気を博し，その後，世界最大のSNSに成長した**Facebook**（フェイスブック）や，短いつぶやきを投稿し共有する，マイクロブログ型の**Twitter**（ツイッター），写真の投稿や共有を中心とする**Instagram**（インスタグラム），ビジネスや職業上の繋がりに絞った**LinkedIn**（リンクトイン）などがある。わが国独自のサービスとしては，一時，会員数1000万人を超え社会現象にもなったとされる**mixi**（ミクシィ）が有名である。

ところで，最近では様々なWebサイトやネットサービス，スマートフォンアプリなどに「ソーシャルな」機能が組み込まれることが多くなってきた。そのため，何がSNSで何がそうでないのかを明確に区別することが難しくなってきた。例えば，料理レシピ投稿サイトの**クックパッド**（Cookpad）や，スマートフォンの利用者間で**チャット**や**音声通話**などができる**LINE**（ライン）などにも，集団の形成を支援するコミュニティ機能や日記の投稿や共有機能などがあり，これらのサービスをSNSの一種に加える場合もある。

15.2 SNSの利点・欠点

SNSにより，一度はつながりの途絶えた古い友人との交流を再開したり，現実には頻繁に会うことが難しい知人や友人と日常的なつながりを保ったり，また身近に同じ趣味などを持つ友人がいなくても，SNSで知り合うことでコミュニティを形成することができるなど，SNSを通じて人間関係が充実したという利用者は少なくない。一方で，不用意に個人情報や顔写真などを公開してしまったことで，悪意に晒されたり，素性のよくわからない人との交流を持つことによってトラブルに巻き込まれたり，自分の周囲では特に問題視されなかった話題が，ネット上で拡散されるうちに非難の書き込みが殺到してしまう，いわゆる**炎上**と呼ばれる現象など，SNSによって引き起こされる問題も多々ある。また，SNSが様々な人の間に普及し，継続して利用する期間が長くなると，必ずしも自分が望む相手とは違う，「望まれざる」相手とのSNS上での関係や対応に苦慮したり，知人の書き込みを読んで自分のことを書かれているのではないかと余計な詮索してしまったり，興味が湧かないような話題でも，毎回反応を迫られているように感じたりして精神的に疲弊する，**SNS疲れ**といった現象もみられるようになり，最近では，SNSの利用を自ら断って離れる人も増えている。

ところで，SNSの問題点として挙げられるものとして，例えば，Twitterで多いトラブルは，不法行為を自慢することで，Twitter上で炎上することがある。SNSは匿名の投稿が可能であるため，倫理観に欠けた内容をTweetする人は少なくない。「飲食店やコンビニエンス・ストアの冷蔵庫に入って自慢する」，「公共の場で大騒ぎをして迷惑をかけたことを自慢げにTweetする」，「盗撮してその人を馬鹿にするような内容を書き込む」などは実際にニュースでも取り上げられ問題になった。LINEやFacebookで見られるトラブルは，**アカウントの乗っ取り**である。最近は，あらゆる手段を使ってアカウントを乗っ取ろうとしてくる。対策を講じてセキュリティを厳重にしても乗っ取りを防ぐことは難しく，追い付かないのが現状である。アカウントを乗っ取られると，最悪の場合には，アカウントを削除しなければならなくなる。さらに知人や友人のアカウントまでも乗っ取られてしまう可能性もある。最悪の場合には，個人情報を盗まれることも考えられるので，少しでも怪しいと感じた場合には運営者に確認するなどの措置を講じなければならない。SNSは便利で私たちの生活に欠かせないものである。しかし，利用の仕方を間違えると大きな問題に発展してしまう可能性を秘めている。正しく注意しながら安全にSNSを利用して，被害者や加害者など当事者にならないように注意することが大事である。

15.3 ネットゲームの落とし穴

ネットゲームとは，インターネットなどの通信ネットワークを通じて複数の人が同時に参加して行われるコンピュータゲームのことをいう。一人で遊ぶモードと他の人と遊ぶモードが別に用意されているゲームと，複数人が同時に参加することを前提に作られているものがある。

近年，ゲーム漬けの毎日でゲームをする本人や家族の健康や生活などに支障が出ている場合がみられる。例えば，ゲームをやめようとしてもやめられないなど，いわゆる**ゲーム依存症**の危険がいわれている。

一日中ゲームをしていて学校の成績が下がる，あるいは学校へ行かない，大人であれば，仕事のミスが増え，遅刻や欠勤をするようになる。どちらも家族をはじめとする人間関係が崩壊する大きな要因になる。これらは目に見えやすいゲーム依存症による弊害で，その多くはインターネットを通じて行われるオンラインゲームによるものである。オンラインゲームによるゲーム依存症は，ネット依存症でもある。ネット依存の期間が長くなればなるほど，感情や感覚，さらには欲望を制御する**脳神経細胞の死滅**が進むことが知られている。これはギャンブル依存症にも通じるものである。ネット依存の度が過ぎると，脳にとっては大きなダメージになるともいわれている。

また，**オンラインゲーム**の場合，ゲーム自体にかける時間にも増して，チャットを使った仲間とのやりとりの時間も非常に多い。実は，このことが「断れない」関係が深まることにつながり，さらには時間をかけてゲームに没頭してしまう要因にもなっている。そして，仲間との時間だけでなく，お金も使うようになると**課金の問題**も出てくるようになる。つまり，より強くなるため，あるいはより称賛されるために，際限もなくキャラクターやアイテムを買ってしまうことになる。

ゲームオーバーがない，獲得できるポイントが何倍にもなるなど，時間や期間の設定といった，いつまでも終わらせないような誘い込む仕掛けもオンラインゲームには潜んでおり，負のスパイラルへと追い込まれていくことになる。

これまで見てきたように，情報化の進展により私たちはいつでもどこでも仕事ができ，あるいは調べたいことはいつでも調べられるように，さらには誰かとつながりを持ちたいときはいつでも，つながれるようになった。私たちが手にしたパソコンやスマートフォンから，スポーツや音楽，娯楽情報など，様々な情報引き出せるようになってきている。このように私たちの生活は情報化の恩恵を多々受けている。一方で，こうした便利さの反面，ネットやゲームが「手放せない」いわゆる**ネット依存**が増えているということも見逃せない事実である。ネット依存になると，どのような弊害が起こるのか。例えば体への影響として，食生活の乱れや運動不足から体力の低下が起きやすくなる。長時間うつむいていることで，**ストレートネック**（ストレートネックとは，正常な首の骨が「く」の字のようにカーブしているのに対し，首の骨が真っすぐになってしまった状態）になってしまうなど，身体的な問題が生じる。また，画面を長時間見続けることで**近眼**や**乱視**になってしまうこともある。

さらに，心の問題として，ネットに依存しすぎてしまうことで，**うつ症状**が出てしまう場合や，イライラしやすくなることがすでに多くの研究で明らかにされている。そのため気力がなくなり，普段なら難なくできることができなくなってしまったり，他人に対して暴力的になりやすくなったりするなどの症状が起きやすくなる。学業や仕事においても，夜遅くまでパソコンやスマホを使用することで，学校や会社に遅刻したり授業中や就業中に居眠りが生じやすくなったりする。このような状態が続くと，授業や業務に支障が生じてしまうばかりか，深刻な場合には，**不登校**や社会人の場合には職場での信頼関係に大きな影響を与える可能性もある。

そのためにはネット使用のルールをきちんと決めて使うことが必要になってくる。家族や周囲の人たちの協力で改善できればよいが，それができなければ，**専門の医療機関**（神奈川県横須賀市にある久里浜医療センターなど）で治療しなくてはならなくなる。

15.4 SNSの上手な使い方

SNSは無料で使えて，誰とでもつながることができ，最新の情報を素早く知ることができたり，災害時には救助を求めることができたりする便利なものである。SNSは無理なく上手に使い楽しむことが大切である。SNSを上手に使うためには，例えば，利用する前に個人情報の**公開設定**をきちんと確認をすることが重要である。まず，SNSを利用する場合，Facebookなどの**実名登録**が必要でないもの以外は，安易に個人情報を公開しないようにするとよい。

どうしてもSNSに個人情報を投稿する場合には，第三者に個人情報が漏洩する可能性をよく考えてから投稿する必要がある。

最近では，SNSで出会い（あるいはつながり）を求める人も多い。しかし，ネットで知り合った人と安易に会うと大きなトラブルに巻き込まれることもあるので，十分に注意が必要である。そのため，判断が難しいが，相手が本当に存在する人なのか，女性のふりをした男性なのではないか（その逆もある），良い人なのか悪い人なのかなどをしっかりと見極めることが重要である。ネットで知り合った人には会わないことが基本であるが，どうしても会う場合は，これらのことを踏まえた上で，決して二人きりでは会わず，人が多い場所で会うようにするなどの注意が必要である。便利なものも使い方次第では危険なものになってしまう。**デマ情報**を流布する，関係のない人を犯罪者に仕立て上げてしまうなど，SNSが絡んだトラブルや犯罪などに巻き込まれないように自分を守ることがSNSを上手に使うコツである。

15.5 章末課題

・SNSの種類についていくつか挙げなさい。
・SNSを利用する際の注意点について答えなさい。
・ネットゲームをする際に気を付けなくてはならないことは何か答えなさい。

索　引

ア　行

ISO／IEC27000 シリーズ　83
アイコン　13
ID　82
アカウントの乗っ取り　86
アクセス管理者　82
アクセス制御機能　82
アクティブセル　38
アップデート　79
アニメーション　67
アプリケーションソフト　2
暗号化対策　83
AND 検索　78
位置情報の流出　81
Instagram　85
インターネット　2
インターネット中毒　79
Web サイト　75
うつ症状　87
上書き保存　16
SNS　73, 85
SNS 疲れ　86
円グラフ　45
炎上　86
OR 検索　78
オートフィル　38
オペレーティングシステム　2
折れ線グラフ　46
音声通話　86
オンライン画像　22
オンラインゲーム　87

カ　行

改ざん　82
課金の問題　87
拡張子　22
学内 SNS　85
紙媒体　74
行　38
強制消去　83
強制ロック　83
近眼　87
クックパッド　86
組み込みの効果　30
グラフ　45
ケータイ依存　79
ゲーム依存症　87
結語　20
検索エンジン　77
検索機能　77
件名　17
公開設定　88
個人情報　81
個人情報保護法　81
5W2H　17
コマンド　22
Ctrl キー　30
コンピュータウイルス　78
コンピュータネットワーク　2

サ　行

サイズ変更カーソル　24
詐取　82
SUM 関数　53
サムネイル　65
散布図　46
算用数字　17
識別符号　82
時候の挨拶　19
実名登録　88
Shift キー　30

社外文書　19
社内 SNS　85
社内文書　18
集合棒グラフ　45
情報　73
情報科学　73
情報拡散　81
情報過多　73
情報収集　73
情報セキュリティ　82
　──の C.I.A.　83
情報発信　75
情報モラル　81
情報理論　73
ショートカットメニュー　31
ストレートネック　87
スパイウェア　79
スパムメール　78
スマホ依存　79
スライド　65
セキュリティソフト　79
絶対参照　56
セル　38
セル参照　55
セル番地　39
専門の医療機関　88
相対参照　56
ソフトウェア　1

タ　行

ダイアログボックス　14
タイピング　41
タッチタイピング　7
WWW　3
ダブルクリック　13
チェーンメール　81
チャット　86
中央処理装置　1
Twitter　85
積み上げ棒グラフ　45
デスクトップ型　7
デマ情報　88
電子記録媒体　74
電子メール　16
統計情報　74
頭語　19
ドーナツグラフ　45
ドラッグ　30
トリミング　25

ナ　行

なりすましメール　81
ネット依存　79, 87
ネットゲーム　86
脳神経細胞の死滅　87
NOT 検索　78

ハ　行

ハードウェア　1
パスワード　82
犯罪予告　81
ビジネス文書　16
100%積み上げ棒グラフ　45
表題　17
ファイル　2, 74
ファイルタブ　14
フィッシング詐欺　82
フィルタリングサービス　79
Facebook　85
フォルダ　2, 74
フォント　15
複合参照　56
不正アクセス　78
不正アクセス禁止法　82
物理的実体　73
不登校　87
ブラインドタッチ　8
フレーズ検索　78
プレゼンテーション　69, 75
ブログ　73

　——の炎上　81
防御措置　82
棒グラフ　45
ホームポジション　7
補助記憶装置　1

マ　行

マイナンバー　82
マウスポインタ　24
Mika Type　41
mixi　85
迷惑メール対策機能　79
メニューバー　21
モバイル機器　7

ヤ　行

ユーザー設定　21
要配慮個人情報　82

ラ　行

LINE　86
ラジオボタン　14
乱視　87
リムーバブルディスク　16
リンク機能　77
LinkedIn　85
ルーラー　14
レーダーチャート　46
列　38

ワ　行

ワークシート　39
ワードアート　32

著者紹介

鈴木和也（すずき　かずや）　　第 1 章～第 5 章，第 12 章～第 15 章

高千穂商科大学大学院経営学研究科経営学専攻博士後期課程単位取得満期退学　修士（経営学）

明星大学大学院人文学研究科教育学専攻（障害児者教育研究領域）博士前期課程修了　修士（教育学）

山梨県立学校（商業科）教員，釧路短期大学生活科学科生活科学専攻専任講師を経て

現在　九州情報大学経営情報学部経営情報学科准教授

専門　経営史，ビジネス実務，労務管理，職業教育，教育学，特別支援教育

主な著書・論文

『定時制高校における特別な教育的支援を必要とする生徒に対するソーシャル・スキル教育の在り方に関する研究―キャリア形成の視点を中心として―』（単著，三恵社，2020 年）

『中学生・高校生のためのソーシャルスキル・トレーニング　スマホ時代に必要な人間関係の技術』（共著，明治図書，2015 年）

『詳説 商業科教育論講義』（単著，三恵社，2016 年）

「発達障害のある児童生徒への支援教育の現状と課題について―法的整備の現状も踏まえて―」『九州情報大学研究論集』第 22 巻，1-11 頁（単著，2020 年）

「情報リテラシー演習の効果と課題―情報ネットワーク学科の学生を対象として―」『九州情報大学研究論集』第 22 巻，27-32 頁（共著，2020 年）

荒平高章（あらひら　たかあき）　　第 6 章～第 11 章

最終学歴　九州大学総合理工学府　博士（工学）

現在　九州情報大学経営情報学部情報ネットワーク学科専任講師

専門　機械工学，材料力学，生体工学

主な論文

「情報リテラシー演習の効果と課題―情報ネットワーク学科の学生を対象として―」『九州情報大学研究論集』第 22 巻，27-32 頁（共著，2020 年）

リメディアル教育のための情報リテラシー

2021 年 4 月 20 日　第 1 版 1 刷発行

著　者 ― 鈴木和也・荒平高章

発行者 ― 森　口　恵美子

印刷所 ― 壮光舎印刷(株)

製本所 ― （株）グリーン

発行所 ― 八千代出版株式会社

〒101-0061　東京都千代田区神田三崎町 2-2-13

TEL　03-3262-0420

FAX　03-3237-0723

＊定価はカバーに表示してあります。

＊落丁・乱丁はお取換えいたします。

ISBN 978-4-8429-1812-9

到達度確認用ポートフォリオ

番号：[　　　　　　　　　　　　]　名前：[　　　　　　　　　　　　]

<table>
<tr><td colspan="2">受講科目名</td><td colspan="5">（必修・選択）</td><td>担当教員</td><td colspan="2"></td><td>目標成績</td><td>/100</td></tr>
<tr><td colspan="2">この科目の目標を
具体的に記述</td><td colspan="10"></td></tr>
<tr><td rowspan="3">授業回</td><td rowspan="3">日付</td><td rowspan="3">講義内容</td><td colspan="8">学士力に基づく評価（5点満点で記述）</td><td rowspan="3">教員所見</td></tr>
<tr><td colspan="2">知識・理解</td><td colspan="2">汎用的技能</td><td colspan="2">態度・志向性</td><td colspan="2">総合的な学習経験と創造的思考力</td></tr>
<tr><td>学生</td><td>教員</td><td>学生</td><td>教員</td><td>学生</td><td>教員</td><td>学生</td><td>教員</td></tr>
<tr><td>1</td><td></td><td></td><td></td><td></td><td></td><td></td><td></td><td></td><td></td><td></td><td></td></tr>
<tr><td>2</td><td></td><td></td><td></td><td></td><td></td><td></td><td></td><td></td><td></td><td></td><td></td></tr>
<tr><td>3</td><td></td><td></td><td></td><td></td><td></td><td></td><td></td><td></td><td></td><td></td><td></td></tr>
<tr><td>4</td><td></td><td></td><td></td><td></td><td></td><td></td><td></td><td></td><td></td><td></td><td></td></tr>
<tr><td>5</td><td></td><td></td><td></td><td></td><td></td><td></td><td></td><td></td><td></td><td></td><td></td></tr>
<tr><td>6</td><td></td><td></td><td></td><td></td><td></td><td></td><td></td><td></td><td></td><td></td><td></td></tr>
<tr><td>7</td><td></td><td></td><td></td><td></td><td></td><td></td><td></td><td></td><td></td><td></td><td></td></tr>
<tr><td>8</td><td></td><td></td><td></td><td></td><td></td><td></td><td></td><td></td><td></td><td></td><td></td></tr>
<tr><td>9</td><td></td><td></td><td></td><td></td><td></td><td></td><td></td><td></td><td></td><td></td><td></td></tr>
<tr><td>10</td><td></td><td></td><td></td><td></td><td></td><td></td><td></td><td></td><td></td><td></td><td></td></tr>
<tr><td>11</td><td></td><td></td><td></td><td></td><td></td><td></td><td></td><td></td><td></td><td></td><td></td></tr>
<tr><td>12</td><td></td><td></td><td></td><td></td><td></td><td></td><td></td><td></td><td></td><td></td><td></td></tr>
<tr><td>13</td><td></td><td></td><td></td><td></td><td></td><td></td><td></td><td></td><td></td><td></td><td></td></tr>
<tr><td>14</td><td></td><td></td><td></td><td></td><td></td><td></td><td></td><td></td><td></td><td></td><td></td></tr>
<tr><td>15</td><td></td><td></td><td></td><td></td><td></td><td></td><td></td><td></td><td></td><td></td><td></td></tr>
<tr><td colspan="2">自己評価を
具体的に記述</td><td colspan="5"></td><td colspan="2">教員の総合所見</td><td colspan="3"></td></tr>
</table>

自己評価シート

番号：　　　　　　　　　名前：

あなたが，現時点で当てはまる程度を表す位置に縦線を入れてください。

1. コンピュータにどのくらい詳しいですか。

まったく |――――|――――| 詳しい

2. タッチタイピングはできますか。

まったく |――――|――――| できる

3. タイピングはどのくらい速いですか。

遅い |――――|――――| 速い

4. Word はどのくらい得意ですか。

まったく |――――|――――| 得意

5. Excel はどのくらい得意ですか。

まったく |――――|――――| 得意

6. Power point はどのくらい得意ですか。

まったく |――――|――――| 得意

7. レポートの書き方について知っていますか。

まったく |――――|――――| 知っている

8. プレゼンテーションの方法について知っていますか。

まったく |――――|――――| 知っている

9. 情報モラル・セキュリティについてどのくらい詳しいですか。

まったく |――――|――――| 詳しい

10. 個人情報の取り扱いについてどのくらい詳しいですか。

まったく |――――|――――| 詳しい

11. SNS の活用方法や問題点について理解していますか。

まったく |――――|――――| 理解している

自己評価シート

番号：　　　　　　　名前：

あなたが，現時点で当てはまる程度を表す位置に縦線を入れてください。

1. コンピュータにどのくらい詳しいですか。
まったく ├──────┼──────┤ 詳しい

2. タッチタイピングはできますか。
まったく ├──────┼──────┤ できる

3. タイピングはどのくらい速いですか。
遅い ├──────┼──────┤ 速い

4. Word はどのくらい得意ですか。
まったく ├──────┼──────┤ 得意

5. Excel はどのくらい得意ですか。
まったく ├──────┼──────┤ 得意

6. Power point はどのくらい得意ですか。
まったく ├──────┼──────┤ 得意

7. レポートの書き方について知っていますか。
まったく ├──────┼──────┤ 知っている

8. プレゼンテーションの方法について知っていますか。
まったく ├──────┼──────┤ 知っている

9. 情報モラル・セキュリティについてどのくらい詳しいですか。
まったく ├──────┼──────┤ 詳しい

10. 個人情報の取り扱いについてどのくらい詳しいですか。
まったく ├──────┼──────┤ 詳しい

11. SNS の活用方法や問題点について理解していますか。
まったく ├──────┼──────┤ 理解している

自己評価シート

番号：　　　　　　　　　　名前：

あなたが，現時点で当てはまる程度を表す位置に縦線を入れてください。

1. コンピュータにどのくらい詳しいですか。
まったく ├──────────┼──────────┤ 詳しい

2. タッチタイピングはできますか。
まったく ├──────────┼──────────┤ できる

3. タイピングはどのくらい速いですか。
遅い ├──────────┼──────────┤ 速い

4. Word はどのくらい得意ですか。
まったく ├──────────┼──────────┤ 得意

5. Excel はどのくらい得意ですか。
まったく ├──────────┼──────────┤ 得意

6. Power point はどのくらい得意ですか。
まったく ├──────────┼──────────┤ 得意

7. レポートの書き方について知っていますか。
まったく ├──────────┼──────────┤ 知っている

8. プレゼンテーションの方法について知っていますか。
まったく ├──────────┼──────────┤ 知っている

9. 情報モラル・セキュリティについてどのくらい詳しいですか。
まったく ├──────────┼──────────┤ 詳しい

10. 個人情報の取り扱いについてどのくらい詳しいですか。
まったく ├──────────┼──────────┤ 詳しい

11. SNS の活用方法や問題点について理解していますか。
まったく ├──────────┼──────────┤ 理解している